消防安全我知道

——家庭消防安全亲子读本

马建琴 著

天津大学出版社
TIANJIN UNIVERSITY PRESS

图书在版编目(CIP)数据

消防安全我知道:家庭消防安全亲子读本 / 马建琴
著. —天津：天津大学出版社，2019.6
ISBN 978-7-5618-6136-3

Ⅰ.①消… Ⅱ.①马… Ⅲ.①消防－安全教育－普及
读物 Ⅳ.①TU998.1-49

中国版本图书馆CIP数据核字(2018)第109633号

出版发行	天津大学出版社	
地　址	天津市卫津路92号天津大学内(邮编:300072)	
电　话	发行部:022-27403647	
网　址	publish.tju.edu.cn	
印　刷	北京虎彩文化传播有限公司	
经　销	全国各地新华书店	
开　本	148mm×210mm	
印　张	6.75	
字　数	193千	
版　次	2019年6月第1版	
印　次	2019年6月第1次	
定　价	48.00元	

编委会名单

马建琴　宋文琦　张　良　慕洋洋
赵　祥　张玉贤　杜向阳　尼　华

前　　言

随着经济社会的快速发展,新型工业化、城镇化的深入推进,致灾因素大量增加,火灾隐患大量存在,我国总体上仍处于火灾易发、多发期,发生重特大火灾的风险很高。我国公民的消防安全意识仍比较薄弱,公民的消防安全素养亟待提高。

公民的消防安全素质是国家消防安全体系构建的软实力,消防安全素质教育不仅包括消防安全常识、火灾防范意识和火场自救逃生技能的传授,还应该包括消防文化、消防精神和消防科学等更深层次的宣教内容。目前,我国的消防宣传教育工作主要集中在基本消防安全知识的教育培训上,对于我国消防相关大专院校、科研院所已经取得的消防研究成果的大众化传播和展示极为有限。然而消防科学研究的最终目的是将科技成果转化为火灾防控的战斗力,可见在不同层次的公众中传播消防科研成果是实现科研成果走向市场、服务社会的必由之路。

目前,我国一直致力于消防科普事业的宣传和教育,尤其是近年来,随着经济的不断发展,人们对消防科普的认识也在逐年提高,国家各级财政都投入了大量的资金和人力物力出版消防科普读物、建立消防科普教育基地、开办消防展览等。

各级消防机构每年也组织消防科技宣传周活动,用于消防科研成果的普及和转化。但是消防科研项目专业性较强,研究内容较多,好多科技资源并未得到全面的转化,而且传播方式存在一定的局限。因此,对于我国在消防科学技术领域取得的众多研究成果,特别是与人民群众的生产、生活息息相关的科研成果,应进一步提炼并普及到公众当中,以提升消防科研成果的影响力,扩大消防科研成果的应用范围,使最新的消防科研成果成为消防科学普及的源头。

本书通过对近年来家庭常用物品发生火灾事故的直接和间接原因进行分析,发现居民日常生活中经常接触到的小太阳、电动自行车等物品的火灾危险性不被公众熟知,在这些物品使用不当或错误操作的情况下,经常会引发火灾,造成财产损失和人员伤亡。目前针对这些家庭常用物品及其火灾危险性没有相关的实物科普资源或数字科普资源用于传播和学习,极大地阻碍了居民对这些消防安全知识的学习。

结合应急管理部天津消防研究所(原公安部天津消防研究所)近年来已取得的科研成果,本书编者以家庭常用物品的火灾危险性介绍为科普主题,基于相关的火灾案例、火灾发生原因、火灾模拟试验、测量分析数据和研究结论,拍摄制作了"情景剧 + 火灾试验"模式的家庭常用物品火灾危险性宣教视频,在本书中通过通俗易懂、生动活泼的语言,对充电宝、电动自行车、小太阳、冷烟花、汽车等物品的火灾危险性和火灾预防注意事项进行了详细介绍，将消防知识转化为易于学习和传播的科普图书。大家可以通过扫描书中的二维码观看宣传视频，学习相关的火灾预防知识，因此这是一本形式新颖又适合亲子阅读的科普读物。

消防安全教育应从小抓起，通过幼儿园、中小学阶段的消防科普教育，使消防知识逐步融入孩子们的日常生活，并在以后的学习和工作生活中不断演练，固化为日常生活习惯。希望本书的出版与推广，能全力践行"弘扬科学精神，普及消防知识"的理念与初衷，持续发动、组织社会各界开展消防安全教育，传播普及消防安全知识，为提高全民消防安全素质做出新的贡献。

本书中的科普视频均获得中国消防协会优秀科普作品一等奖。本书编写，得到了天津消防研究所火灾物证鉴定中心、基础理论研究室和消防救援局应用创新项目"烟花燃放特性研究"课题组成员的大力支持和帮助，科技处处长赵力增进行了指导和斧正，在此表示衷心的感谢。

由于时间仓促，对相关资料收集掌握不全，加之编者水平有限，书中难免存在疏漏之处，恳请读者批评指正。

编者

2019 年 2 月

大家好，我是"消防百事通"安博士，就职于应急管理部天津消防研究所，是火灾理论研究专家，对火灾发生原理及预防措施有深入的研究，致力于为大家进行消防科普知识的讲解和传播。

大家好，我叫马丁，我今年5岁啦！我妈妈是消防产品检测技术研究人员，我喜欢听安博士讲消防科普知识。虽然我喜欢玩水，但是我不会随便乱动消火栓的。

大家好，我叫汐汐，我今年5岁啦！我爸爸是消防工程技术研究人员，我喜欢玩水，但爸爸告诉我，小孩子不可以玩消火栓，我喜欢听安博士讲消防科普知识。

大家好，我叫博涵，我今年7岁啦！我爸爸是火灾原因鉴定专业技术人员，平时经常给我讲家庭火灾的相关案例和消防科普知识。

让我们一起跟着安博士来学习消防安全知识吧！

目　　录

第1章 冷烟花一点都不"冷"

1.1 冷烟花的前世今生

从今天开始安博士就要带着马丁、汐汐和博涵三位小朋友开始一段奇妙的消防安全知识探秘之旅了。安博士今天要带着大家认识一下生活中可能会接触到的冷烟花。小朋友们是不是特别好奇,烟花不就是烟花嘛,怎么还会有冷烟花呢?冷烟花真的就是冷的吗?冷烟花的温度是不是很低呀?带着这些疑问,马丁、汐汐和博涵找到了消防百事通安博士,让安博士给小朋友们讲一讲冷烟花的那些事儿吧。

小朋友们,在节日的时候,是否和爸爸妈妈一起燃放过一种烟量很小的烟花?安博士带小朋友们认识一下冷烟花是怎么回事吧。

　　提到烟花,小朋友们一定不陌生,有好多小朋友可能还燃放过。世界各国都有一些与烟花相关的节日。比如英国的烟火节、日本的烟火大会,在一些重要的节日、纪念日也会以放烟花的形式庆祝,比如美国的独立日、俄罗斯等国的祖国保卫者日、印度的排灯节等,当然啦,还有我们中国的元宵佳节也是要放烟花的哦。

烟花表演

　　冷烟花是近年来市场上出现的新型烟花产品,属于烟花产品的一个分支。冷烟花就是以亮银色火花或火星为主要燃放特征,产烟量和残渣较少的一类烟火物质,也称为"冷烟火""无烟烟花"等。由于其主要应用于各种舞台表演,因此也有人称之为"舞台焰火"或"舞台烟花"。冷烟花燃放时发出极亮的白光,给人"冰冷"的感觉,让人联想到了基于荧光发光机理的"冷光源"(如荧光棒),因此,早期研发这类烟花的科技人员就形象地称之为"冷光烟花"或"冷烟花",国外也有人称之为"冰火喷泉"。

单支冷烟花燃放

正是由于燃放产生的银色火花给人以冰冷的感觉,会让人感觉到"冷",使人们误以为"冷烟花"的火焰温度很低,没有危险。因此,有一段时间对冷烟花的生产和使用监管较为松散,从而导致世界各地出现了大量的冷烟花火灾事故,造成了一定的人身安全和财产损失。

场景:

安博士:小朋友们,冷烟花的焰火温度是不是像看着的银色光芒一样,温度很低呢?让我们先来看看祥子、小楠、文琦

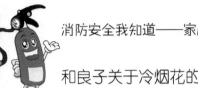

和良子关于冷烟花的一段故事吧。

安博士：祥子、小楠、文琦和良子几个人相约一起去歌厅唱歌，由于祥子有事要稍晚点才能赶过来，这时文琦和良子正点着冷烟花在歌厅里又唱又跳，高举冷烟花，不断地跳动和晃动着，此时正好祥子进来。

文琦和祥子正在歌厅里燃放冷烟花

祥子：干吗呢？赶快停下来！我刚才进来怎么看你们几个在屋里点起了烟花呢？

小楠：这是冷烟花，没事儿的。

良子：大家聚聚不就是为了好玩嘛。

文琦：对呀，难得的机会，制造点氛围。

祥子：哦，冷烟花呀，你们有所不知呀，冷烟花已经引发了多起火灾事故，它的危险性不容小觑。

安博士：小朋友，你们可能会问，这么小小的一支冷烟花在现实生活中真的会引发火灾吗？让安博士带你们去看看几个真实的火灾案例吧。

1.2　那些冷烟花引发的火灾

案例 1：

据新华社报道，2009 年 1 月 31 日 23 时 55 分左右，位于福建省福州市长乐区吴航街道郑和小区的拉丁酒吧内，有 10 名左右的青年男女在给老板过生日，其中有人把冷烟花带入酒吧内，并在桌面上点燃了冷烟花进行庆祝，冷烟花引燃了电线，电线又点燃了附近的装修材料，装修材料主要为聚氨脂泡沫塑料，聚氨酯泡沫塑料高温燃烧后，瞬间会产生大量有毒烟气，导致很多人被烟气熏死。

福建福州特大火灾简述

经全力扑救, 火灾于 2 月 1 日 0 点 20 分左右被扑灭, 现场陆续救出 35 名人员, 其中 15 名因窒息经现场紧急抢救和送往医院抢救无效后陆续死亡。该事故发生的主要原因有五个方面:

一是冷烟花的室内违规燃放。长乐拉丁酒吧作为人员密集的公共场所, 是禁止燃放烟花爆竹的。但是该场所负责人无视《福州市烟花爆竹燃放管理规定》, 放纵消费者因过生日而在室内违规燃放烟花。消费者不仅无视禁止室内燃放烟花的禁令和烟花包装上"不得在室内燃放"的警示, 而且多次燃放。

二是该场所内人员高度聚集。该酒吧建筑面积为 198 平方米, 内设 40 余张桌子, 155 个座位, 按满座的三分之二计算, 当晚发生火灾时消费者至少有 100 人, 加上 10 位工作人员, 百余人聚集在不足 200 平方米的酒吧内, 发生火灾时很难在短时间内疏散。

三是装修材料燃烧产生大量烟气且有毒。拉丁酒吧采用大量吸音海绵、油漆和黏合剂等进行装修。这些合成材料燃点低、发烟大, 燃烧分解物多、毒性强, 比如一氧化碳、氰化氢和甲醛等。

四是装修材料燃烧速度极快。调查发现, 从 23 时 54 分 50 秒发现吊顶起火, 到 23 时 55 分 52 秒燃起大火, 再到 23 时

55 分 59 秒火苗蹿出酒吧,前后仅仅 69 秒,其蔓延速度之快,超乎想象,大部分人员还没反应过来就已经被有毒烟气包围了。

　　五是在场人员缺乏逃生自救的意识。调查发现,个别消费者在发现吊顶起火后仍在现场观望,收拾个人物品,甚至有的若无其事地还在娱乐,没有立即撤离或组织疏散,在火灾发展较严重的情况下才开始逃生,丧失了自救的最佳时机。

大火扑灭后的酒吧内景

案例 2：

据新华社报道，2009 年 12 月 4 日 23 时左右，俄罗斯中西部彼尔姆边疆区首府彼尔姆市的一家名为"瘸腿马"的夜总会在凌晨发生火灾。初步调查显示，事发时有 200 多人在夜总会内举行开业 8 周年庆祝活动，其中大多数人为夜总会员工和家属。活动中，有人未经许可燃放冷烟花，引燃了天花板建筑材料，加上室内墙上挂有不少新年装饰物等易燃品，火势迅速扩大，不少人因吸入有毒烟气而死，还有人在试图逃生的过程中因拥挤踩踏遇难，酿成惨剧。

夜总会内举行开业 8 周年庆祝活动

整个火灾事件造成至少 142 人遇难、数十人受伤。事发现场的人员回忆说："当时正在进行庆祝活动，根本就没有注意到夜总会顶部发生了什么，突然开始着火，产生了大量的烟，很多人都已经摔倒了，我也摔倒了，还扭到了自己的脚踝，在慌乱中摔倒的人还有被踩到的。"

冷烟花引燃天花板建筑材料

调查分析：俄罗斯彼尔姆边疆区首府彼尔姆市"瘸腿马"夜总会的火灾事故，是由于冷烟花距离天花板建筑材料距离过近，引燃了顶部的天花板材料，而夜总会的消防设计不符合相关要求，造成了火灾的不断扩大。

说到这里安博士温馨提示，当你的家人、朋友或者同学来到比如歌厅、酒吧等室内人员密集的场所后，千万不要燃放冷

烟花,否则极容易造成火灾或者爆炸事故,一定要提醒身边的小伙伴不要这么做,避免可怕的后果。如果在室内密集场所内发现火灾,要立即通知相关负责人组织疏散,迅速撤离到安全地带。

全是身边的事故,血淋淋的教训!小朋友们要重视了!

1.3 冷烟花的火灾模拟试验

看了上面的例子,小朋友们应该对冷烟花的火灾危险性有了一定的认识,那么冷烟花为什么会引发火灾呢?安博士这就通过试验带领小朋友们来探究其中的科学道理。

安博士与他的科研团队来到燃烧试验馆内进行冷烟花引

燃保温材料的试验。我们从市面上购买了一些常用的冷烟花和吸音材料，下面让祥子给小朋友们详细地介绍一下我们的试验吧。

燃烧试验馆的工作人员祥子

祥子：首先我们将冷烟花固定在试验台底座上，上方固定一块室内装饰常用的吸音材料。点燃冷烟花，吸音材料的材质为普通聚氨酯，其自燃温度为 280 摄氏度，而一些烟花生产企业宣传冷烟花的温度仅为 90 摄氏度，外焰温度仅为 50 摄氏度，但是随着燃烧的持续进行，可以看到吸音材料被点燃并且迅速燃烧，这是因为冷烟花的火焰温度一般可达 100~200 摄氏度，而个别较大火花颗粒可达 500 摄氏度以上，这些灼热的火花携带很高的热量，因此，完全具有引发火灾的可能性。

冷烟花与吸音材料引燃试验准备

点燃冷烟花

吸音材料被引燃

安博士：通过刚才的试验，我们了解到，冷烟花中虽然有一个"冷"字，但是其燃烧起来温度一点都不低，足以引发一场大火，因此，我们在使用冷烟花的时候，一定要远离易燃品，在娱乐的同时更要注重消防安全。

安博士：下面我再带你们看几个在试验室做的更大型的试验吧，看看又得到了什么测试结果。

1.3.1　试验准备

小朋友们，安博士在试验准备阶段选取了舞台、电视节目以及各种庆祝活动经常会燃放的典型"冷光喷泉"烟花，其基本特征参数是燃放高度 2.4 米，燃放时间 24 秒。选用公共娱乐场所常用的顶棚吸音材料聚氨酯软泡沫(PU)作为模拟引燃材料，其最大厚度为 30 毫米，最小厚度为 8 毫米，氧指数为17，自燃温度为 285 摄氏度。

为研究"冷光喷泉"样品对典型 PU 的引燃特性，搭建了下图的冷烟花模拟引燃试验平台。采用热电偶测温系统、红外热像仪、摄像机和标尺等记录"冷光喷泉"样品对 PU 引燃试验过程中的温度变化情况。

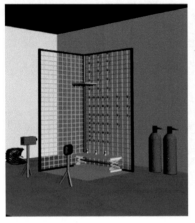

冷烟花模拟引燃试验平台

1.3.2 试验测试

小朋友们,我们主要进行三方面的试验测试。

1. 冷烟花样品燃放的空白试验

通过温度采集系统测试在没有 PU 材料的情况下,冷烟花火花温度及温度场分布情况。

2. 冷烟花喷射区域对 PU 的引燃试验

将 PU 裁剪成 200 毫米 ×200 毫米的方块,将 PU 方块放置在距离冷烟花喷口一定高度的位置上,并保持 PU 方块水平放置,采集 PU 表面及冷烟花火花温度及温度场分布情况。

3. 冷烟花溅落火花对 PU 的引燃试验

考察冷烟花燃放时产生的溅落物对 PU 引燃的特性研究,以冷烟花为中心,将 PU 直接铺设在冷烟花地面上,铺设半径

为 500 毫米,记录溅落到 PU 表面的火花对 PU 引燃的情况。

1.3.3　试验结果

小朋友们,通过上面的试验我们可以发现:

1. 典型冷烟花喷射区的温度特征

从热电偶温度采集系统的测试结果可以发现,冷烟花样品燃放时,在火焰中心线上,喷口附近的最高温度达到了 1 500 摄氏度,距离喷口 1 米以内的各测点的温度也都在 100 摄氏度以上。

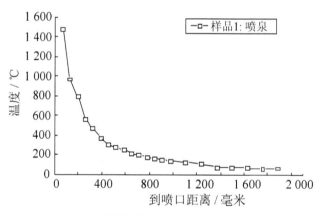

冷烟花喷射区域的温度值

2. 喷射区对 PU 的引燃情况

将 PU 布置在距离冷烟花喷口 715 毫米高度处,在冷烟花的喷射区域内能够迅速引燃 PU,并一直到 PU 烧尽,同时产生大量黑烟。整个燃烧过程如下:①冷烟花样品被点燃,有火花喷到 PU 材料上;②大量火花喷到 PU 材料上;③在 PU 上产生了小火苗;④小火苗开始向周围扩张;⑤火势逐渐变大;⑥ PU 剧烈燃烧,掉落熔融物;⑦ PU 完全烧尽。

喷射区对 PU 的引燃情况

试验过程中通过热电偶测温系统记录了 PU 的引燃过程及其温度变化,发现单支冷烟花样品对 PU 的引燃温度为198~201 摄氏度,且在距离喷口 715 毫米的高度以下可以将 PU 引燃。

3. 溅落物对 PU 的引燃情况

将 PU 材料铺设到地面上,点燃冷烟花观察其溅落物掉落在 PU 材料上是否会引起燃烧。整个燃烧过程如下:①冷烟花点燃,产生大量颗粒火花;②火花溅落到 PU 材料上;③火花引燃 PU,火灾开始蔓延;④ PU 剧烈燃烧,火灾迅速蔓延。

　　试验研究发现冷烟花的溅落物的温度一般可达到 100~200 摄氏度,个别的熔融物可达到 250~530 摄氏度,超过了 PU 的自燃温度,具有引燃 PU 的条件。

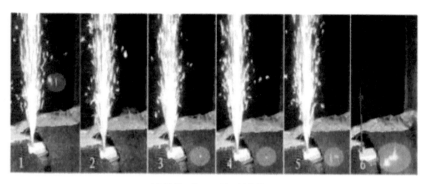

溅落物对 PU 的引燃情况

　　小朋友们,通过上面的试验,我们可以知道,冷烟花在燃放时的喷射区域及大量颗粒火花是非常危险的,在一定的距离和范围内是可以引燃周边易燃或可燃物的,我们应该做好相应的安全防范措施。

　　马丁:安博士,真没想到冷烟花喷射口和溅落物的温度这么高呢!

　　汐汐:你看冷烟花点燃 PU 材料的试验,PU 一下子就烧起来了,燃烧得太快,太猛烈了!

　　博涵:而且能看到产生了很多的黑灰色的烟气,毒气一定很厉害,闻一下就得中毒!

　　安博士:孩子们,看到了冷烟花火灾的威力了吧,一旦火

灾发生,要迅速逃生,不要贪恋自己的玩具和心爱物品,丢下所有东西,快速逃离求救,拨打119!

1.4 冷烟花的燃放特性

孩子们,我再带你们了解一下冷烟花的特性吧,只有懂得了冷烟花的燃放特点,才知道为什么它们会产生危险,我们才能懂得如何避免这样的危险,不过有的内容不太好理解,你们可要跟着安博士认真学习哦!

目前我国生产的冷烟花的主要组分为单基火药(主要成分是硝化棉)和某些特殊的金属材料,如钛、锆粉等。这类烟花燃放时自身持续发生放热的化学反应,在其燃放喷口及距喷口一定距离的区域内的温度应该较高。但是一些烟花生产和销售厂家宣称冷烟花的"火焰温度"为 60~89 摄氏度,"外焰温度"为 30~50 摄氏度。普通消费者觉得冷烟花真的很"冷",燃放时也很安全。但是所谓的"火焰温度"和"外焰温度"到底是指的哪里,十分不好界定,很容易误导消费者。

冷烟花的燃烧过程是一个复杂的传质、传热等物理及化学反应的过程,这个过程与冷烟花药剂的组成和燃烧条件有密切的关系。冷烟花燃烧时会伴有发光、发热等现象。冷烟花的发光有热辐射发光和化学发光,发光的载体主要是热的固体或液体颗粒和气体。

冷烟花的燃烧区域从喷口向外,依次可分为火焰区、火焰中心和火花区(包括燃烧产生的沉降物)。为了研究冷烟花的燃放高度、燃烧火焰区域不同位置的温度,安博士搭建了专门的测试平台,利用红外热像仪进行燃放高度和实时燃烧温度的测试。

冷烟花燃放试验

1.4.1　单支冷烟花试验

从图中我们可以看出测试的某厂家单支冷烟花燃放时沿轴向剖面上的燃放高度和温度分布。从红外热像仪采集的火花温度可以发现,冷烟花的喷口处的温度很高,多数情况下火焰区域会超过1 000摄氏度,且测试的冷烟花样品的燃烧高度超过2米。

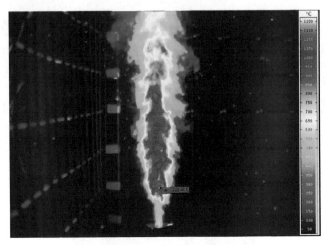

单支冷烟花燃放测温试验

在火花区我们可以看到部分火花颗粒的温度会达到 500 摄氏度，带有如此大热量的熔融物，如果碰到易燃物品势必会引发火灾。

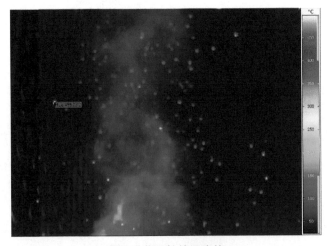

部分火花颗粒的温度值

1.4.2 多支冷烟花试验

将三支冷烟花捆在一起同时燃放,测试其火焰或火花温度分布,从图中可以看出三支冷烟花捆在一起同时燃放的高温区域相对于单支燃放的高温区域明显变大,火灾危险性更大。

多支冷烟花的温度值

通过上面的试验我们可以发现:

(1)冷烟花在燃放时有一个狭长的高温区,主要集中在喷射方向上距喷口一定距离内。样品喷口处的温度很高,多数样品高达 1 000 摄氏度以上。因此,在周围有易燃、可燃材料的场所或人群密集场所燃放时容易引发火灾。

(2)多支冷烟花样品同时燃放会大大增加样品高温区的范围,从而增加了引发火灾的可能性。

(3)冷烟花样品火花温度一般可达 100~200 摄氏度,个别较大火花颗粒可达 500 摄氏度,这些灼热的火花携带很高的热量,具有引发火灾的可能性。

(4)试验研究证明冷烟花燃放时温度并不低,尤其在烟花喷口附近以及个别较大的火花颗粒的温度很高,因此冷烟花的"冷"字很容易误导消费者。

安博士:经过上面的介绍我们可以发现,冷烟花燃烧时会形成狭长的高温区,火焰区的喷口温度可高达 1 000 摄氏度以上,即使在距离喷口较远的火花区,一般的火花温度也有 100~200 摄氏度,一些飞溅出来的大的颗粒温度可高达 500 摄氏度,可见冷烟花一点都不"冷"呢。

小朋友们:原来冷烟花的燃烧温度会这么高呢,能有 1 000 多摄氏度,那岂不是把黄金都烧化了!

安博士:你们这些小学霸,知道的还挺多,可不是,黄金的熔点是 1 064.43 摄氏度,如果把冷烟花的喷头对准黄金,还真是会把金子熔化掉呢。你们现在应该知道"冷"烟花可一点都不冷了吧,如果使用不当是极易引发火灾的。下面我们来看看在日常生活中应该注意些什么吧。

1.5　温馨提示

1.5.1　烟花爆竹的燃放规定

自 2016 年 2 月修订后施行的《烟花爆竹安全管理条例》明确规定了烟花爆竹的燃放要求。

（1）县级以上地方人民政府可以根据本行政区域的实际情况，确定限制或者禁止燃放烟花爆竹的时间、地点和种类。

（2）禁止在下列地点燃放烟花爆竹：

①文物保护单位；

②车站、码头、飞机场等交通枢纽以及铁路线路安全保护区内；

③易燃易爆物品生产、储存单位；

④输变电设施安全保护区内；

⑤医疗机构、幼儿园、中小学校、敬老院；

⑥山林、草原等重点防火区；

⑦县级以上地方人民政府规定的禁止燃放烟花爆竹的其他地点。

（3）在禁止燃放烟花爆竹的时间、地点燃放烟花爆竹，或者以危害公共安全和人身、财产安全的方式燃放烟花爆竹的，由公安部门责令停止燃放，处 100 元以上 500 元以下的罚款；构成违反治安管理行为的，依法给予治安管理处罚。

1.5.2 安全燃放冷烟花

小朋友们,听了安博士给大家做的详细讲解,我相信对于冷烟花的火灾危险性你们都已经非常了解了,那么在使用冷烟花的时候要注意哪些安全问题呢?

(1)燃放时要注意自身安全。燃放前要认真阅读产品说明书及燃放注意事项,不要将头伸向烟花爆竹的正上方点火或察看点燃后熄灭的烟花爆竹,不对未点燃的烟花爆竹进行二次点燃,不用一个烟花去点另一个。

(2)燃放地点要安全。选择比较空旷的地方燃放,并与燃放的烟花爆竹保持一定的安全距离,小型烟花燃放时观众要远离 10 米,大型烟花燃放时观众要远离 100~200 米。

(3)燃放时应注意周边人、车等的安全,不可从阳台、窗户向外抛掷燃放的烟花、悬挂燃放鞭炮。不要在禁止燃放场所进行燃放。

(4)烟花爆竹燃放期间,居民要及时清理阳台、楼道可燃杂物。室内无人时,请关闭好窗户,收拾好阳台并收回窗外晾晒的衣被。

(5)加强对未成年人安全燃放烟花爆竹教育,不得在室内、楼道内、地下室等部位燃放。燃放时应注意安全,不要向窨井等密闭空间内燃放以免引起危险,儿童燃放烟花爆竹应有大人的陪同。

（6）不要超量购买烟花爆竹，烟花爆竹请小心保管存放，请不要靠近火源，不要在太阳下暴晒。

（7）燃放烟花爆竹后，要对现场进行检查，确定没有遗留火种和火灾危险后方可离开现场。

（8）同时启动数个冷烟花时，当产品数量小于3个时，可用1.5伏的电池取电；当产品数量大于3个时，可用蓄电池，也可以用民用电源取电（用12伏的变压器通过220伏民用电源取电），建议大家购买正规专门燃放冷焰火的点火器。

（9）燃放前，电源两极请勿同时连接，直到燃放时刻再同时连接，安装开关时，确保开关处于关闭状态，避免误燃，点燃产品后，应及时将开关关闭，及时切断"隐患源头"。

（10）大量的冷烟花燃放要准备足够长的电源线（推荐64芯的花线），按摆放距离确定好与花蕊的连接点，剥去该点电源线的胶皮露出铜丝（露出2厘米即可），将各花蕊的2股电源引蕊分别与剥好的电点火头2股铜丝拧接在一起，用胶布包好，避免短路，再用蓄电池或民用电（一定要安装开关）燃放。

（11）在有地毯或木质地板的场所燃放需在烟花底部加一块40厘米×40厘米的阻燃材料，亦可在焰火四周约1米范围内将地毯用水打湿，以防冲底或烧坏地毯，建议大家使用安全固定底座。

(12)冷烟花燃放时不可在场所内使用易燃易爆的压缩气压喷雾剂(如彩色气雾剂等产品),以免产生化学反应而发生爆炸造成不必要的伤害。

(13)产品如有破损或掉出泥土请勿使用,此类产品在燃放时若出现异常,请将不合格产品放在水中浸泡半天后再深埋处理,一是及时减少危险,二是防止不法分子回收利用制作不合格冷烟花产品危害消费者。

安全燃放烟花爆竹

马丁托着下巴说道:"安博士,真没想到一支小小的冷烟花,燃烧起来竟然也会有这么大的怒火,一旦接触到可燃物质就会立即燃烧,引发火灾,我们又学习到了好多关于冷烟花的安全知识。"汐汐则眨着眼睛说:"安博士,我回去就告诉爸爸、妈妈还有他们的同事们,以后再也不要在人员密集场所玩烟花了,搞不好就会引发大火。"博涵若有所思地说道:"安博士,能不能把您的这些试验视频和数据发给我,我给班里的同学也好好讲讲。让他们和自己的家人也要注意到冷烟花的火灾危险。"

安博士笑着说:"孩子们,你们真是太棒了,不仅自己学会了关于冷烟花的安全知识,还想着帮助身边的人也提高安全意识,安博士会和你们一起去传播消防安全知识的,放心吧!"

参考文献

[1]　室内燃放"冷烟花"危险 [J]. 中国消防,2012(24):53.

[2]　陈涛,傅学成,赵力增,等. 烟花燃放火灾风险分析及消防应对策略 [A]// 重庆市人民政府,中国工程物理研究院. 全国危险物质与安全应急技术研讨会论文集(下)[C].《含能材料》编辑部,2011:5.

[3]　傅学成,赵力增,陈涛,等. 冷光烟花燃放特性试验研究 [J]. 消防科学与技术,2011,30(6):468-472.

[4]　钟韵瑶. 谁让 KISS 变 KILL?巴西夜总会火灾 245 人死亡 [J]. 新安全东方消防,2013(2):48-50.

[5] 晓渝. 烟花爆竹"零燃放"真的很重要 [J]. 中国消防,2018(2):73.

 情景模拟视频请扫描下方二维码播放观看

第 2 章　乱丢烟头很危险

2.1　烟头到底危险吗？

马丁、汐汐、博涵三位小朋友正在外面一起做游戏，看到一个高个子叔叔把烟头随手丢到了草丛里，他们三个开始了激烈的讨论。

马丁：你们看那个叔叔，他把烟头丢到草丛里了！

汐汐：老师教过我们，随地乱扔垃圾不对，应该把烟头丢到垃圾桶里！

博涵：烟头还没有熄灭，随手丢掉会不会引发火灾呢？

马丁：不会的吧，小小的烟头怎么会引发火灾呢？

汐汐：我们还是去问问安博士吧！

随手乱丢烟头，陋习要不得！

听了小朋友们的讨论后,安博士要表扬各位小朋友了,你们懂得爱护环境,爱护我们的家园,非常值得表扬,但是看了你们关于烟头引发火灾的讨论,安博士要给你们上一课啦。

小朋友们,小小烟头,会不会引发火灾?今天安博士就带大家去看一看文琦家里发生的一幕。

场景:

文琦在家看电视,同时点燃了一支香烟,一个人坐在沙发上越看越困,结果香烟还没熄灭,文琦自己就先靠在沙发上睡着了。

小楠:文琦!快醒醒!你怎么手里拿着香烟就睡着啦!

文琦:啊?哎呀小楠啊。我太困了,本来想抽一支烟清醒清醒,结果看着电视就睡着了……

小楠:你可太粗心大意了!幸好我在家里,发现得早,不然可要把沙发烧坏了!

文琦:嘿嘿,我知道了,我知道了……我这样做是挺危险的, 还好你把我叫醒了, 这不就没事儿了嘛!

　　小·楠：你呀你! 可真是个粗心大意的人!

粗心大意的文琦, 险些酿成火灾!

小楠及时发现, 火灾险情解除!

安博士：小朋友们，你们看文琦坐着的布艺沙发，表面材料都是纺织物，你们了解纺织物吗？

汐汐：安博士，我知道纺织物属于易燃物，遇到火可以很快燃烧！

安博士：汐汐说得很对，文琦家里的布艺沙发一旦与烟头接触，在条件合适的情况下，完全可以起火燃烧，酿成火灾。如果不是小楠发现得及时，一旦文琦手里的烟头掉落到沙发坐垫上，后果可是很严重的。

文琦可真是马虎大意，在沙发上吸烟还差点睡着了，接下来安博士带大家看一看小小的烟头，到底有多大的威力。

2.2 那些小小烟头引发的火灾

安博士整理了几个烟头引发大火的案例，小朋友们可不要小看这个不起眼的家伙，许多大火正是它们引起的。

案例 1：

据深圳公安报道，2017 年 3 月 3 日凌晨 1 时 25 分许，深圳宝安区新安街道一家名为"我们的家公寓"的出租屋发生一起火灾。经市公安局宝安分局特调队调查，火灾由单位保安员值班期间抽烟丢烟头引起。目前，涉事的 4 名相关责任人已被宝安警方依法处以行政拘留 10 日处罚。

火灾后的公寓内部(图片来源:深圳公安搜狐网)

3 月 3 日凌晨 1 时 25 分许,名为"我们的家公寓"的出租屋发生一起火灾,由于扑救得当,且大厦的消防设施自动喷水灭火系统启动及时,救援人员在 2 分钟内将火扑灭,火灾没有向其他部位蔓延,未造成重大损失。当天上午,宝安公安分局特调队会同镇南派出所对"3•3 我们的家公寓"火灾进行火灾调查。到达现场后,民警首先对起火现场进行了勘察,初步怀疑有人为遗留火种的可能,随后对该栋建筑进行了全面的消防安全检查。

该单位保安员位某凌晨等待换班时,在杂物房抽过烟,中途有烟头和火星掉落到仓库纸箱旁,他没有找到便下班离开。位某以为小小烟头不会引起火灾,但没想到恰恰在他走后10分钟,杂物间就燃烧起来。

被烧损的仓库货架(图片来源:深圳公安搜狐网)

案例2:

2004年2月15日11时许,吉林省吉林市中百商厦发生特大火灾,大火于当日15时30分被扑灭。火灾造成54人死亡,70人受伤,直接经济损失426万元。吉林省吉林市船营区人民法院对吉林市"2•15"特大火灾案做出一审判决。被告人于红新、刘文建、赵平、马春平、陈忠、曹明君也都被判处3~7年的有期徒刑。经法院审理查明,此次特大火灾是被告于红新不慎将烟头掉落在仓库地上,在并未确认烟头是否被踩灭的情况下离开了仓库,烟头引燃仓库内的可燃物后引发的。在起火之后,于红新由于害怕承担责任,所以并未报警,而是自己和另外一人进行救火。待起火半小时后,路过的市民看见失火才报警。而此时,火势已到无法控制的地步。

这就是震惊中外的吉林中百商厦火灾。小朋友们,小小的一个烟头导致 54 人失去了生命、70 人受伤,这真相真的令人无法接受,由此可见乱扔烟头的巨大危害。

烈火中的中百商厦(图片来源:四川消防网)

案例 3:

据中国新闻网报道, 2015 年 3 月 15 日,四川遂宁安居区某公司植物柴油车间发生大火,火灾系该公司员工在清理垃圾时,抽烟后乱丢烟头,引燃地上的残留油渍而引起的。

一位目击者称,现场浓烟滚滚,一群人围在工厂外,着火点位于植物柴油车间,车间内有 7 个油罐,油罐内有少许植物柴油,起火部位正好在储油罐区的油罐下方,油罐随时有爆炸的可能。

接到火灾报警后，遂宁 119 指挥中心迅速调集 4 台消防车、15 名官兵火速赶往现场处置。官兵抵达后拉起警戒线划定安全区域，同时对油罐进行冷却和灭火。经过约 1 小时的奋战，车间内的大火被成功扑灭，消防官兵再对油罐进行冷却处理，确定无复燃后，将现场移交给当地派出所调查。

经初步调查，发生火灾的公司已停产 6 个月，事发当时公司一名员工在清理垃圾，其抽烟后将烟头随手乱扔，导致地上的残留油渍起火燃烧。

浓烟四起的厂房(图片来源：中国新闻网)

油罐起火,千钧一发(图片来源:中国新闻网)

2.3　烟头引发火灾的模拟试验

　　刚才的例子已经让小朋友们对烟头的威力有了直观认识,安博士与他的科研团队进行了烟头引燃沙发的模拟试验,还记得粗心的文琦吗?我们这就模拟他在沙发上吸烟并把烟头掉落在沙发座上面的情景。

　　首先我们把将要为试验献身的皮沙发摆好,点燃一支香烟,把它放在沙发表面,静静等待。

　　马丁:安博士,你看烟头放在上面好像快要熄灭了呀!

　　汐汐:对呀对呀,我觉得烟头太小了,沙发这么大,很难点燃吧。

　　博涵:你们看,我觉得好像沙发冒烟了!

随着时间推移,几分钟过去了,香烟燃烧到了尾部,正如博涵所说,沙发表面已经开始冒烟,与烟头接触的部位已经开始变黑、碳化,并且开始向下层的填充棉扩散。

沙发表面的皮革被烤化了一个小洞,并形成阴燃,这时候下面的填充棉受到表面传递的大量热量,也开始碳化阴燃。填充棉材料本身属于易燃物,在皮革下面又能形成良好的蓄热环境,因此几分钟后,随着香烟逐渐燃烧殆尽,热量却在不断堆积,并且开始散发烟气。

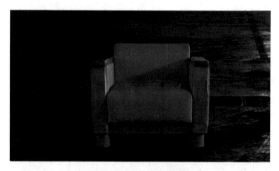

把烟头放置在沙发坐垫处

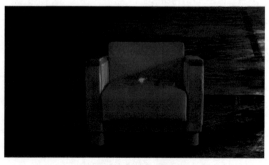

沙发表面火光初现

试验过程中,烟头并没有马上点燃皮革沙发,安博士的科研团队很清楚这小小的烟头绝对不容小觑,过了十几分钟后,原本看似正常的沙发坐垫忽然冒出了小火苗,并且火势有逐步扩大的趋势。

安博士:小朋友们,仔细观察,看看在烟头点燃沙发的过程中,有哪些细节变化?

马丁:最开始香烟放到沙发上没什么变化。

汐汐:但是过了几分钟,我看到沙发冒出来一点点烟气。

博涵:然后烟气越来越大,到最后出现小火苗!

这个过程正如马丁他们三个所说,首先是较长时间的烟头烤燃沙发表面并形成阴燃,然后内部的填充棉接受来自表面的热量,持续蓄热升温也形成阴燃,待到皮革烧破,填充棉与外界空气接触以后,阴燃中的填充棉和皮革内层开始出现明火,火势由此逐步扩大,直到沙发全部燃烧起火。

马丁:你们看呀,火越来越大了!

汐汐:这要是在家里发生了这样的火灾,那可不得了啦!

博涵:还好刚才文琦没有把烟头掉在沙发上,不然就要发生火灾了!

小朋友们说得没错,如果在家里发生这样的火灾,那么后果一定是不堪设想的,沙发燃烧所散发出来的不仅仅是大量的热,还有大量的有毒烟气。这么看来,小小的烟头,破坏力

可是巨大的！吸烟本身就危害人的健康，而乱扔烟头更是对他人生命安全的不负责。小朋友们，你们一定要远离烟草，也要告诫身边的吸烟者切忌乱扔烟头！

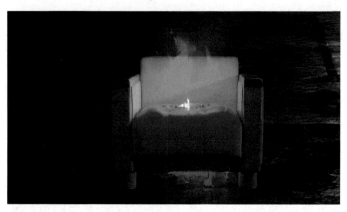

火势扩大，沙发起火

试验结束，沙发被烧成了空架子

安博士继续介绍关于烟头引燃沙发的知识，我们试验所采用的沙发是真皮沙发，并且皮面下方有填充海绵，不同材质、结构的沙发引燃效果不尽相同。目前,沙发的面料主要有真皮面料、仿真皮面料、纺织面料等。纺织面料主要分为两大类,即天然纤维面料和化学纤维面料。常见的天然纤维有棉、麻、丝、毛等。棉、麻是天然纤维素纤维,用火点燃会很快碳化为灰烬,并伴有烧草的气味;毛、丝纤维是天然动物纤维,点燃后会变焦并有烧头发的气味。常见的化学纤维可分为合成纤维和再生纤维两大类,合成纤维以石油为原料经化学聚合而成,主要有涤纶、锦纶、腈纶、维纶、丙纶、氯纶、氨纶等,其燃烧特点是熔融成滴;再生纤维也称人造纤维,利用天然材料经制浆喷丝而成,具有棉、麻的主要特性,但强力低于棉、麻,且湿态强力更小。

　　烟头是否能引燃沙发,在很大程度上取决于烟头在燃烧过程中所产生的热量是否能被很好地聚集下来。由于形成阴燃的过程即为可燃物在进行无焰燃烧,在没有明火的情况下,通过热量的传递使物质发生碳化。因此,如果烟头掉落的位置有利于热量聚集,便容易形成阴燃,如果热量不易聚集,则较难形成阴燃。烟头通常在沙发座处容易形成阴燃,如果座椅面料为天然纤维物质(棉、麻、丝等),或是在座椅上堆放一些易燃物质(纸张、衣物等),则当烟头掉落在这些物质上便可以形成阴燃,特别是掉落在边缘缝隙等处或被其他物质覆盖,更会增大阴燃起火的可能性。而如果沙发座的面料为真皮、仿真皮或合成纤维,则形成阴燃起火相对困难。烟头在沙发上阴燃起火是一个缓慢的过程,有的甚至整个过程都是阴燃,并没有明火出现。因此,即使烟头在座椅的表面形成阴燃状态,不一定都能引发火灾。烟头能否在沙发表面形成阴燃与周围的空气环境有关,一般在炎热的夏季容易形成,而在寒冷的冬季则相对困难。如果沙发座椅面料的下面存在一层棉花,就会增大碳化阴燃的可能性,并且阴燃的程度与棉花的紧密程度有关,棉花层的密度越大越容易形成阴燃,并且阴燃程度越强,一旦形成明火,将很快燃烧完全;棉花的密度越小,形成阴燃的过程就越长,特别是新鲜未挤压过的棉花,在空气流通的情况下,其表面能看到明显的火星迅速燃烧,但不易形成明火,即使形成明火,也只在其表面迅速轰燃后熄灭,然后继续形成阴燃。

2.4 香烟燃烧原理

小朋友们,要想知道烟头为什么能引发大火,我们就要先弄清楚香烟的燃烧机理。安博士这就给大家讲一讲,点燃的香烟是如何进行燃烧的。

香烟是由烟丝、烟纸和过滤嘴共同组成的,在香烟点燃的过程中,当温度达到 300 摄氏度左右时,烟丝中的挥发性成分开始形成烟气。当温度达到 600 摄氏度左右时,香烟才算真正被点燃。如果让点燃的香烟在不受外界影响下持续燃烧，15 分钟后它才会熄灭。讲到这里，安博士要给小朋友们强调一个知识点，与蜡烛、焰火燃烧不同，香烟的燃烧并没有发出明显的火焰，这种状态的燃烧我们称之为阴燃—— 一种没有火焰的缓慢燃烧现象。

当一支香烟被点燃以后，烟纸里面包裹着的烟丝，借助烟丝空隙中的氧气，缓慢持续地燃烧，也就是发生了阴燃。虽然不产生火焰，但是阴燃过程同时会释放出大量的热量。香烟的燃烧区域分为三个区域，分别是热解区、炭化区和残余区。其中热解区就是受热分解的区域，位于香烟没有发生燃烧的部分与发生燃烧部分的相接处，这个部分也是主要产生烟雾的区域；炭化区是指香烟中正在燃烧的区域，也就是呈现通红状态的部位；残余区就是指燃烧已经完成的灰烬部分。

燃烧中的香烟

香烟在常温常压条件下燃烧,表面温度可以达到 170~300 摄氏度,烟头中心温度可达 500~800 摄氏度。不同条件下,烟头能够达到的温度相差很大,比如环境的温度、湿度、含氧量和烟头的燃烧状态等因素。其中烟头的燃烧状态对其燃烧温度影响非常大。当香烟水平放置、向上放置和向下放置时,中心温度差别很大,并且燃烧速度也各不相同。安博士的科研团队在对不同燃烧状态的香烟进行测温时得出了一组数据:水平放置的烟头温度实测为 577.46 摄氏度,向上放置的烟头温度实测为 540.1 摄氏度,向下放置的烟头温度实测为 583.37 摄氏度。向下放置的烟头温度最高,这是因为热量是向上传递的,烟头中燃烧部分的热量向上传递给未燃烧部分,提前对其加热,蓄热也更好,因此该姿态下燃烧温度最高;而向上放置的烟头,在燃烧过程中大部分热量散发到上方空气中,因此其温度最低,燃烧也最缓慢。

下面这三幅图片分别是开始燃烧、燃烧 5 分钟和燃烧 10 分钟时的香烟长度。可以看到在燃烧 5 分钟时,向上放置的香烟燃烧最慢,水平放置和向下放置的两支香烟燃烧速度基本一致,但是到了最后几分钟,向下放置的香烟明显加快了燃烧速度,最终结果是向下放置的香烟燃烧最快,水平放置次之,向上放置的香烟燃烧最慢。

在三个方向分别点燃香烟

不同方向的香烟燃烧速度不同

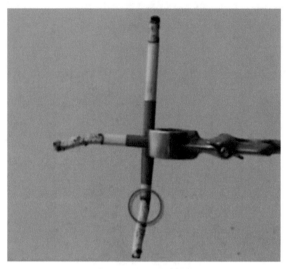

烟头冲下,燃烧最快

通过这个试验可以直观感受到,香烟的不同燃烧状态所达到的燃烧效果完全不同。因此不是烟头的每种掉落状态都可以引发火灾,但是当恰巧遇到烟头燃烧的最佳条件时,它的火灾危险性就完全表现出来了。

小朋友们,火灾往往都是发生在一些机缘巧合之中的,但是条件合适的时候,火灾的发生就是必然。而我们学习消防科普知识的目的,正是杜绝这种引发火灾的必然条件。

马丁:是不是说随便扔烟头有时候也不会引发火灾呢?

汐汐:那样的话,我们是不是有点小题大做了呀?

博涵:我认为安博士是在告诉我们,不乱丢烟头才是防止火灾的最佳方法!

安博士：博涵说得完全正确,我们不知道是不是每一个乱丢的烟头都会引发火灾,也许烟头掉落的状态在当时的环境不足以引发火灾,但是我们不能冒这个风险,因为通过试验我们知道,在合适的条件下,烟头引发火灾的能力是惊人的,所以从源头遏制住乱丢烟头的行为才是最好的办法!

2.5　温馨提示

(1)小朋友们,吸烟有害健康,你们绝不要沾上烟草这种有害的东西。

(2)对于身边吸烟的人,我们可以把今天学到的知识告诉他们,烟头一定要熄灭后再丢入垃圾桶,点燃的烟头就是一个移动的火源,危害无穷!

(3)小朋友们不可以吸烟,同时还有一个非常容易被家长忽略的危险,那就是烟民随身携带的打火机。打火机在孩子的手里,将是一个危险的引火源,很多事故都是小朋友乱玩打火机而引起的。家长务必要让孩子们远离这些潜在的危险,同时烟民们也要看管好自己的打火机。

参考文献

[1]　鲁志宝, 么达, 梁国福, 等. 汽车驾驶室内烟头火灾的研究 [J]. 消防科学与技术, 2007 (5) :574-576.

[2]　傅佳佳, 王鸿博, 杨瑞华, 等. 纺织工程专业"纺织进展"

双语课程建设和实践［J］. 纺织服装教育, 2017, 32 (5)：395-398.

［3］ 周宝晗, 马丽, 王薇, 等. 有机化学教学方法中关于"教"的几点体会［J］. 广州化工, 2014, 42 (18)：220-221+259.

 情景模拟视频请扫描下方二维码播放观看

第 3 章　油锅也会"发火"

3.1　油锅也会"发火"?

今天安博士和小朋友们聊一聊美食。

安博士：你们最喜欢吃的菜是什么呀？

马丁：我最喜欢吃妈妈炒的红烧肉！吃了能长个子！

汐汐：我最喜欢吃爸爸做的炒蔬菜，多吃蔬菜有营养！

博涵：只要是好吃的菜我都爱吃，爸爸告诉我不能挑食！

安博士：看来我们的小朋友们个个都是美食家呀，你们有没有想过，平时家长给你们炒菜的时候，其实也是有火灾危险性的呢！

马丁：什么？炒菜还能引发火灾？

汐汐：太可怕了，我第一次听说呢。

博涵：安博士，炒菜的时候也有火灾危险，那以后我们该吃什么呀？

安博士：小朋友们不要害怕，安博士说的火灾风险是炒菜的时候进行错误的操作而引发的油锅起火现象，只要具备正确的知识，即便是油锅起火了也不足为惧。你们看，我们的小

楠姐姐正在家里炒菜呢。

小朋友们，平时爸爸妈妈给我们炒菜的时候，如果操作不当也是会引发火灾的，安博士带大家去认识一下油锅起火是怎么回事。

慕老师给小楠讲述厨房安全知识

场景：

周末了，小楠姐姐正在家里做一顿丰盛的饭菜请朋友们来聚会，热腾腾的锅里冒着一缕缕油烟，这时候，慕老师看到

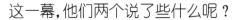

这一幕,他们两个说了些什么呢?

　　慕老师:小楠,看到你炒菜这么专心,我考一考你吧,你知道炒菜的时候油锅着火该怎么办吗?

　　小楠:什么?油锅还能起火?

　　慕老师:当然啦,火焰把油锅加热到一定温度,达到食用油的燃点时,锅里就很可能燃起熊熊大火呢!

　　小楠:你这么一说我还真不懂了,油锅着火,到底该怎么灭火呢?

　　带着问题,安博士在后面会给小朋友们解答油锅起火时的处理方法,下面我们去看一看真实的案例吧。

3.2　那些油锅起火引发的火灾

　　案例 1:

　　据德阳传媒网报道, 2018 年 1 月 28 日下午,什邡市区金河西路一家餐馆突发火灾,大火将餐馆内的设施设备烧了个精光,所幸没有人员伤亡。

　　由目击者拍摄的现场视频显示,餐馆内先是冒出滚滚浓烟,很快里面厨房位置的明火越烧越大,里面跑出一名厨师模样的男子不停打电话报警求救。火情发生在 28 日下午两点多,在短短几十秒以内,餐馆厨房燃起大火,火苗伴着浓烟往外蹿,几名餐馆员工连忙逃离火场。着火的餐馆楼上是一家

商务酒店,当天酒店里住了不少客人,浓烟瞬间蹿进临近的客房和楼道,酒店员工及时疏散了所有房客,大火导致酒店空调内机变形,屋顶也被熏黑,房间内也是一片狼藉。当地消防接到报警后,派了3辆消防车赶来救援,消防官兵出动水枪很快将明火扑灭。火灾发生后,起火的餐馆已经关门歇业,餐馆老板曾先生说,不幸中的万幸是没有人员伤亡。曾姓老板介绍,餐馆内的家当几乎全部烧光了,只能过一段时间再重新装修开业,眼下,他正与楼上宾馆方协商赔偿损失。

餐馆内火光冲天(图片来源:德阳传媒网)

消防战士奋勇扑救(图片来源:德阳传媒网)

据当地消防部门调查,这起火灾是餐厅厨师操作不当所致。事发时,该厨师在熬油过程中因内急而短暂离开,回来后发现油已经燃烧起来了,他立即用锅盖灭火,不料溅出的油引燃了抽油烟管道,最终引燃大火。

案例 2:

据《北京日报》报道, 2018 年 2 月 1 日 7 时 8 分,北京市丰台区京温服装市场六层美食广场发生火情。厨师在烹饪时由于油锅太热引发着火,消防人员接到报警后立刻赶到现场处置,快速扑灭明火。由于处置及时,过火面积仅为 2 平方米,也没有造成人员伤亡。但该厨师因过失引起火灾,违反《消防法》相关规定而被处以治安拘留 10 日。

油锅也能变"火锅"（图片来源：《北京日报》）

案例3：

据《钱江晚报》2014年5月23日的报道，5月20日19时30分左右，家住智格小区的张先生在做饭时，油锅突然起火。在慌乱之中，他用自来水直接浇热油锅，结果火苗直接蹿起来，引发了大火。下沙消防中队接到报警后，立即出动3辆消防车、20多名官兵赶赴现场扑救，一个小时后，成功扑灭大火并救出6名被困人员。做饭时油锅起火，用自来水浇引发火灾的是智格小区1组4号的一幢农居房，房子有4层，每层有8个房间，起火点是位于西面的404房间。"晚上7点半左右，我在房间里休息，突然一个男的冲进来说楼上着火了。我跑出去一看，4楼西面的一个房间烧了起来，火势很大，估计已经烧了有一会了。因为靠近楼梯口，楼道里到处都是浓烟，人根本没法上去。"发现起火后，住在一楼的沈先生打电话报警称，

"听说是一个男的在电磁炉上做饭,结果锅里的油着了,一着急,他直接用自来水往锅里浇,火一下子就蹿起来,他手忙脚乱地灭火,结果整个厨房都烧了起来。"沈先生说,发现火势无法控制后,该男子只好跑出房门,呼喊居民帮忙。大火透过窗户向外蔓延,6 人被困在房内,下沙中队消防官兵赶到现场时发现,着火房间火势已处于猛烈燃烧阶段,火舌正透过窗户不断地向外翻滚。"当时起火房间里的人已经跑出来了,房门是开着的,里面火光冲天,大量的浓烟冒了出来。"消防官兵说,当时火势迅猛,若不及时扑灭,随时都可能向边上的房间蔓延,更糟的是还有 6 人被困在 4 楼。"听房东说,406 房间有 3个人,403 房间有 1 个人,最危急的是 406 房间,除了一对夫妻,还有个一岁多的孩子。"消防官兵说,由于起火的房间正好位于楼梯旁,大火和浓烟封住了楼梯,很难逃出来。指挥员立刻开展行动,组织内攻搜救和灭火救援两组人员进入火场,同时向指挥中心请求增援。命令下达后,搜救组成员迅速佩带防护装备,冲入着火楼层,逐个房间进行搜救。5 分钟后,成功把 6 名被困人员救出,并将他们转移到安全地带。在确定没有人员被困后,灭火组全力开展灭火,沿着楼层铺设水带,架设水枪阻截火势蔓延,两车停在消防栓附近做好火场供水,保持火场用水充足。一个小时后,大火被成功扑灭。消防官兵对现场进行进一步清理后,在确认没有火灾隐患后才离开。

看到这里安博士要为我们的消防官兵点赞，正是靠他们及时果断的救援，才避免了这次油锅起火酿成更大的悲剧。

火灾后的厨房一片狼藉（图片来源：钱江晚报）

3.3　油锅起火引发火灾的模拟试验

看了这些油锅起火酿成火灾的案例，小朋友们了解到它的威力了吧。下面我们走进天津消防研究所的试验场，进行油锅引燃的模拟试验，看一看油锅起火时是什么样子的，又该怎么处理。

我们在点燃的煤气灶上，架上我们炒菜用的铁锅，然后在锅里加入少量食用油，等待十分钟后，油锅里的温度已经变得很高，油烟大量冒出。持续地加热最终将锅内的食用油引燃，并形成了稳定燃烧。

马丁：哇！真的着火啦！

汐汐：太可怕啦，没想到炒菜用的油锅也可以着火呀！

博涵：安博士，这样太危险了，我们赶紧把火灭掉吧！

安博士：小朋友们不要害怕，我们有专业的科研团队，完全可以保证试验的安全性，但是你们可千万不要模仿哟！

将食用油倒入锅中

油锅开始起火

　　燃烧起来的油锅散发出大量的热量,站在几米远的地方也会感到强烈的热浪。那么到底该用什么方法来灭火呢?浇水灭火对油锅适用吗?我们来尝试一下!把一大勺凉水倒在锅里,锅里的油火不但没有熄灭,反而在一瞬间就腾起了近3米高!倒入的水在高温的食用油中迅速汽化,食用油随着汽化而出的水蒸气也分散到油锅上方,被火焰点燃后更充分地燃烧,因此火焰不仅没有熄灭,反而扩大了燃烧规模。

凉水灭火,行不行?

一勺水下去,火焰蹿上来

　　一大勺水就能让火焰蹿起来 3 米高,小朋友们,油锅起火是绝对不能用水来灭的。那么我们再来看看用锅盖直接盖上去,能不能把火熄灭。再次点燃油锅,我们把锅盖盖到火焰上,可以看到火焰在锅盖盖到锅上的一瞬间就变小了。这是因为燃烧需要氧气的参与,盖上锅盖以后形成了一个较为封闭的锅内空间,氧气迅速被消耗掉,因此火焰也就难以继续维持了。这个方法完全是可行的,油锅起火不用慌张,盖上锅盖就能灭火。

锅盖灭火,行不行?

火焰瞬间被压倒

锅盖成功灭火！

马丁：哇,浇了水不仅没能灭火,还把火焰变得更大了。

汐汐：用锅盖轻轻盖住,火焰却马上就熄灭了。

博涵：这个方法太神奇了,但是安博士,如果没有锅盖,该怎么办呀?

安博士：小朋友们,如果锅盖不方便找到,那么也没关系,我们还有别的办法。用水打湿一床棉被,再把它盖到油锅上,效果同锅盖是一样的。棉被盖到锅上也可以形成一个密封空间,迅速消耗掉锅内氧气以此削弱燃烧。

湿棉被灭火,行不行?

湿被子盖下去,火焰全消失

马丁:油锅起火原来并不可怕!

汐汐:马丁说得对,只要冷静地用锅盖或者湿棉被也可以灭火!

博涵:这样即使炒菜锅里起火,我们也不怕啦!

安博士:孩子们,今天学到的知识,可以告诉爸爸妈妈,如果他们炒菜的时候遇到这种情况,就能从容面对啦。

3.4 油锅起火原理

3.4.1 食用油起火易引发火灾

厨房火灾是一种较为常见的火灾。我国每年都有许多因厨房发生火灾而造成人员伤亡和财产损失的报告。而据统计,在德国每年有 20 万 ~30 万人在家庭厨房中因用火不慎而受伤。特别是在一些宾馆、饭店等人员密集的商业厨房场所,一旦发生火灾更容易导致严重的人员伤亡和财产损失。例如，四川达州市通州商城因底层餐厅厨房电热油炸锅内食用油温度过高起火酿成特大火灾，造成 10 人死亡、20 人受伤。另据美国消费品安全委员会 (CPSC) 统计，在美国发生的厨房火灾中，有 60% 以上是因为食用油温度失控、过热而引发燃烧。东京消防厅对东京都发生的灶具或食用油火灾进行了分析，结果发现，油炸食品时食用油着火引起的火灾占该类案例的 51%。

3.4.2　油锅起火的主要原因

（1）油炸食物时往锅里加油过多，使油面偏高，油液受热后溢出，遇明火燃烧。

（2）操作不当，油锅持续高温引发火灾。厨房内油炸、油煎制作较为常见，当油锅再持续加温，锅内温度逐渐达到食用油的燃点（350 摄氏度左右）后，油锅内的油品便会产生自燃。燃烧蔓延速度较快，油锅起火大约 20 秒后，火势便发展到猛烈阶段。若不能及时有效地扑灭，可迅速引燃厨房内其他可燃物，并且通过风机、风管蔓延，从而引发更大的火灾。

（3）在火炉上烧、煨、炸食物时无人看管，浮在汤上的油溢出锅外，遇明火燃烧引发大火。

（4）操作方式、方法不对，使油炸物或油喷溅，遇明火燃烧。

（5）抽油烟机杯罩等部件积油太多，翻炒菜品时火苗上飘，吸入烟道引起火灾。

3.4.3　食用油的燃烧原理

动植物油的主要成分是饱和及不饱和脂肪酸的甘油三酯，其密度一般为 0.9~0.95g/mL，不溶于水。食用油的闪点一般在 120 摄氏度以上，明显高于一般的燃油和润滑油，因此从点燃特性来说，食用油较为安全。尽管在常温下食用油难以蒸发，但是在对其持续加热时，其蒸发速率也相应加快，油层上方的蒸气浓度很快就达到可燃范围之内，只要有明火出现，食用油就很容易被点燃。当油层温度达到 360~370 摄氏度以上时，常见的食用油品种均发生自燃，并且很快达到充分燃烧状态，油温迅速升高至 400~600 摄氏度。食用油一旦燃烧则其具有的高热量足以维持持续燃烧。因此，食用油火体现出热释放速率高、蔓延速度快等特点，并且由于燃烧介质整体温度偏高以及在燃烧过程中会因成分变化而导致自燃点降低（试验证明食用油燃烧时其部分热分解产物的自燃点在 65 摄氏度左右）等情况，若无有效的降温手段，极易导致灭火之后发生复燃。因此，食用油火灾是一类较难控制的火灾。因其独特的火灾特性，食用油火曾被建议列为新的一类火灾。

3.5 温馨提示

（1）油锅忽然起火的时候，首先要关掉煤气灶或煤气罐，这样可以切断火源，避免发生更大的火灾。

（2）油锅着火不用慌张，迅速盖上锅盖，用不了多久火势就会变小，等火完全熄灭后再打开锅盖；或用能遮住锅的大块湿布、湿麻袋盖到起火的油锅上，使火因缺氧而快速熄灭，这类方法叫作窒息法。

（3）如果火势不大，锅里的油也比较少，我们可以把新鲜的蔬菜倒入锅中，这样也能迅速降温、灭火，这类方法叫作冷却法。特别注意的是如果大家从来没有做过饭，最好有爸爸妈妈在身边监督。

（4）最后要记住，油锅着火千万不要用水泼！油比水密度小，很容易扩大起火面积，造成更大的火灾。冷水遇到热油会产生"炸锅"令着火的油到处飞溅，容易引起火灾甚至造成人员伤亡。如果油锅起火，更不应该强行将锅移走，否则更容易把锅弄翻，结果会适得其反。

参考文献

[1] 张宪忠，包志明，傅学成，等. F 类火灾水系灭火剂灭火性能评价试验研究 [J]. 消防科学与技术，2015, 34 (5)：616-620.

[2] 王荣基，宋波，傅学成，等. 食用油火灾灭火剂的研究现

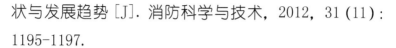

状与发展趋势〔J〕. 消防科学与技术，2012，31（11）：
1195-1197.

［3］　李国辉. 公安部天津消防研究所推出家庭常用物品火灾
危险性系列宣传视频〔J〕. 消防科学与技术，2016，35
（11）:1641.

［4］　女子向着火油锅浇水致大面积烧伤,只因这个常识她不
懂〔J〕. 湖南安全与防灾,2016（10）:60-61.

［5］　段会忠. 餐饮厨房的火灾危险性分析及防范对策研究
〔J〕. 消防技术与产品信息,2016（12）:47-49.

　情景模拟视频请扫描下方二维码播放观看

第 4 章 "燃烧"的化妆品

4.1 化妆品会燃烧吗？

小朋友们，通过前面的章节，我们认识了平时吃的、过节玩的等一系列常见物品的火灾危险性，本章消防百事通安博士将带领小朋友们认识我们生活中经常用到的一类物品的火灾危险性，它们香气袭人，有的是液体，有的是黏稠的固体，特别是我们的妈妈使用的频率高，猜到是什么了吗？

马丁：安博士，你说的是妈妈每天往脸上抹啊抹的那些液体的东西吗？

汐汐：我知道我知道，是妈妈喷的香水吧，我也喜欢它们的味道，我有时候也会偷偷用妈妈的香水，嘻嘻！

博涵：香香的？我想一想，我妈妈还喜欢涂指甲油，手上脚上涂得可漂亮啦！

安博士：对，就是这些化妆品。这些化妆品使用不当也会有火灾危险性的。

汐汐：明明是用于美容护肤，能把人变漂亮的化妆品，怎么可能会着火呢？

小朋友们，这些漂亮的化妆品，都是有化学成分的，使用不当，真的会酿成火灾事故，不信我们来看看吧！

场景：

化妆品在我们生活中触手可及，它们阵阵芳香的背后又暗藏什么火灾风险呢？我们先来给小朋友们看一个场景，看看慕老师是怎么教小楠认识化妆品火灾危险性的。

小楠忙完家务看电视

电视里播报女士化妆时友人吸烟着火视频

场景：

居家达人小楠忙完了家务，在沙发上看电视，恰好看见电视上出现一则这样的报道："前不久，一位女士在化妆过程中，友人给她点烟，突然发生着火，导致右半边脸全部灼伤。"小楠不解视频中为什么发生这样的事情，自己用的化妆品难道是元凶？

化妆点烟出意外　脸部突然着火（图片源自网络）

小楠：慕老师，您好！我刚才在家看到这么一则新闻……您能解释一下为什么吗？

慕老师：刚才报道的新闻恰好说出了常见的化妆品也具有潜在火灾危险。

小楠：啊？化妆品也成危险物品了？

慕老师：不是说化妆品就是危险物品，而是化妆品中所含的化学成分具有一定危险性。在日常生活中，由于化妆品引发的火灾也时有发生。

4.2 那些化妆品引发的火灾

案例1：

2015年2月10日中午12时左右，浙江省兰溪市云山街道凯旋路23号的爱蕊化妆品制造有限公司厂房发生火灾。由于室内堆放着大量的矿物油、塑料等易燃品，火势很快席卷了整个厂房。12时29分，金华支队兰溪消防大队接到报警后，迅速调派6车30名消防官兵赶赴现场扑救，并指派浙能电厂、诸葛村专职消防队前往增援。经过消防队员奋力扑救，下午5时30分，大火被基本扑灭，所幸无人员伤亡。

2·10 金华兰溪爱蕊化妆品制造有限公司火灾现场(案例及图片源自网络, http: // info.fire.hc360.com/2015/02/140938853214.shtml)

案例 2:

2017 年 11 月 20 日, 美国纽约州东南部一小镇上的化妆

品工厂发生两次爆炸,并引发火灾。第一次发生在当地时间20日上午10时15分左右,大约25分钟后,工厂又发生了一次爆炸。该事故造成1人死亡、33人受伤、1人失踪。

11·20纽约化妆品厂火灾现场(案例及图片源自网络,http://world.people.com.cn/n1/2017/1121/c1002-29659501.html)

案例3:

2018年7月30日,韩国仁川市南洞区的一个化妆品制造厂发生火灾。当地消防局紧急投入了27辆消防、指挥车辆进行灭火工作。

7·30 韩国仁川化妆品厂火灾现场（ 案例及图片源自网络，http: //news.haiwainet. cn/n/2018/0731/c3541092-31364889-6.html ）

上面的案例均是由于化妆品生产中使用的可燃化学品被引燃而发生火灾，下面安博士将带我们进一步认识化妆品的燃烧危险性。

4.3 化妆品燃烧模拟试验

安博士给马丁、汐汐、博涵三位小朋友带来了香水、指甲油、花露水、爽肤水、摩丝等化妆品及日常个人护理用品，结果如何，让我们拭目以待。

4.3.1 香水燃烧试验

模拟日常生活中喷香水行为,看看它遇火会发生什么现象。首先将一个玻璃板竖直固定在铁架台上,喷一定量的香水至玻璃表面,然后用引火棒去引燃香水,可以发现有很小的火苗,为了便于观察,我们用一张纸条靠近玻璃板。

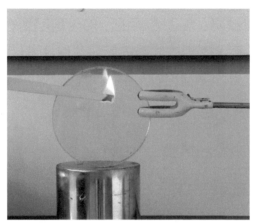

香水燃烧试验

博涵：纸条被点燃了，香水真的着了啊。

安博士：让我们再将香水喷向已经被点燃的香水，看看会发生什么。

马丁：刚开始还是小火苗，如果直接喷向已被点燃的香水，火苗瞬间变成火球啦，看来视频说的是真的。

香水之所以会被点燃，是因为香水成分里含有乙醇，就是我们平时说的酒精，加入乙醇的目的一是起到杀菌消毒的作用，二是促进香水喷到皮肤或衣服后快速挥发，而乙醇是典型的易燃、易挥发的液体，其蒸气能与空气形成爆炸性混合物，遇明火、高热会引起燃烧甚至爆炸。

4.3.2 花露水燃烧试验

让我们用同样的方法看看花露水的遇火反应。首先，在铁架台上固定一支蜡烛，并点燃它，然后直接对着火焰喷花露水，花露水像香水一样，喷出去的雾滴遇火瞬间变成火球，燃烧猛烈。进一步地，我们考察刚喷到皮肤上的花露水是否会燃烧。将一定量的花露水喷在玻璃板表面，用引火棒引燃，肉眼难以判断花露水是否被点燃，用纸条来验证一下，可以看到纸条被点燃。

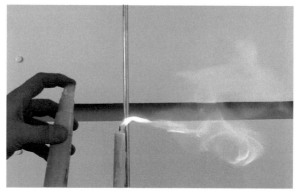

花露水燃烧试验

花露水燃烧的原理和香水是相同的,其组成成分里同样含有乙醇。

4.3.3 爽肤水燃烧试验

小朋友们,上面的试验表明含有乙醇成分的香水、花露水遇火会发生燃烧,安博士带来的这款男士爽肤水也含有乙醇,是不是同样会着呢?首先,将爽肤水洒在玻璃板表面,将引火棒靠近玻璃板。

汐汐：安博士，这次怎么就没有着呢？

马丁：是不是不容易观察呢，用纸条试试。

安博士：马丁很聪明，那我们用纸条试试。

博涵：还是没有着，这又是怎么回事？

爽肤水燃烧试验

安博士：小朋友们，爽肤水、香水、花露水都含有乙醇，这就是它们擦在身体上感觉凉爽的原因，但并非只要含有乙醇就能燃烧，能否燃烧在很大程度上取决于这些产品中乙醇的含量。通常，乙醇可与任意比例的水互溶，同时也可以溶解在一些有机溶剂中，当乙醇的含量高时，遇火会发生燃烧，而当乙醇含量很低时，便难以被点燃。因此，就得到了上面的试验现象，换言之，如果市面上某款爽肤水的乙醇含量较高，同样会遇火燃烧。

此外,除了乙醇,化妆品中大都含有丙二醇成分,这也是一种易燃物;发胶喷罐中还含有二甲醚等化学物质,二甲醚一旦与空气混合,就会形成具有爆炸性的混合气体;一些护肤品含有石蜡,石蜡属于易燃品,如果睡衣或者床单上残留了这类护肤品,一旦着火,小火可能会变成大火,甚至夺走人的生命。据英国媒体BBC调查发现,自从2010年以来,37起致死的火灾与含有石蜡的护肤品有关。

4.3.4 指甲油燃烧试验

对于指甲油,小朋友们一定不会陌生,它们颜色丰富、色泽鲜艳,深受女性消费者青睐。我们准备了一瓶指甲油,并用毛刷蘸上指甲油涂抹在玻璃板上。然后将点燃的引火棒慢慢靠近涂着指甲油的玻璃板。

指甲油燃烧试验

汐汐：指甲油的火焰好旺好明亮。

马丁：引火棒的火苗刚刚接近玻璃板时，玻璃板上的指甲油便"噗"地升起黄色火焰。

博涵：指甲油燃烧过程中还冒烟呢，有刺鼻的气味。

安博士：你们观察得很仔细。

普通指甲油一般由两类成分组成，一类是固态成分，主要是色素、闪光物质等；另一类是液体溶剂成分，主要有丙酮、乙酸乙酯、邻苯二甲酸酯、甲醛等。在普通指甲油中，为了使指甲油快速干透，成品中含 70%~80% 的易挥发溶剂，以丙酮、乙酸乙酯为主，这两种成分极易挥发，属于典型的易燃易爆危险化学品。

4.4　易燃易爆危险品基本常识

为了达到保湿、快干、芳香等目的，生活中的化妆品含有大量化学物质，而多数化学物质属于易燃易爆危险品。前面的试验中，多次提到"易燃易爆危险品"这个词，在这里安博士向小朋友们普及一些关于易燃易爆危险品的知识。

4.4.1　什么是易燃易爆危险品

易燃易爆危险品是指具有爆炸、易燃等危险特性，在生产运输、储存、经营、使用和处置中，容易造成人身伤亡、财产损失或环境污染而需要特别防护的物质和物品。

易燃易爆警示标志

4.4.2 易燃易爆危险品分类

常见的易燃易爆危险品种类繁多, 性质各不相同, 按照我国出台的国家标准《危险货物分类和品名编号》(GB 6944—2012), 主要包括易燃气体、易燃液体、易燃固体、易于自燃的物质和遇水放出易燃气体的物质、氧化性物质和有机过氧化物。

4.4.3 易燃易爆危险品的火灾危险性

易燃易爆危险品往往对热、摩擦、震动、湿度敏感, 在日常

生活中一定要充分了解各类物质的火灾危险性,方能做到科学防范,确保生命和财产安全。

1. 易燃气体

杀虫剂中的推动剂的主要成分是碳氢化合物丙烷和丁烷,这两种气体就是典型的易燃气体。易燃气体的危险性具体表现在以下几个方面:

易燃气体标志

（1）易燃易爆性。

易燃易爆性是易燃气体的最主要特性,所有处于燃烧浓度范围内的易燃气体,遇点火源就有可能发生燃烧或爆炸。不同种类的气体其发生燃烧或爆炸所需最小点火能量不同,这取决于其化学组成,有的气体遇到极微小的能量即可引爆。通常,易燃气体组成越简单,燃烧速度就越快,危险性就越大。

（2）扩散性。

我们都知道,气体相比液体和固体更容易扩散,因为它们分子间距大,相互作用小,并且由于密度不同,表现出不同的特点。当气体密度比空气小时,很容易逸散在空气中,与空气形成爆炸性混合气,如常见的氢气、天然气等。当气体密度比空气大时,泄漏后的气体往往停留在地面、下水道等低处,随着可燃气体不断积聚,在局部会形成爆炸性混合气,遇点火源就会发生火灾或爆炸。

燃气泄漏应急处置

（3）可压缩性和膨胀性。

热胀冷缩是我们熟知的物理常识,气体更是如此,其胀缩的幅度较液体大得多。

（4）带电性。

易燃气体在发生泄漏的过程中,气体分子间的相互运动

产生摩擦,或者气体中含有的杂质颗粒在泄漏位置相互摩擦,会产生静电。如液化石油气喷出时,可产生 9 000 伏的静电电压,其放电火花足以引起燃烧或爆炸,具有很高的危险性。

（5）腐蚀性、毒害性。①腐蚀性。易燃气体的腐蚀性主要是指含有氢、硫等元素的气体具有腐蚀性。如氢气、硫化氢、氨气都能腐蚀设备,长期腐蚀导致设备管路开裂,可燃气体泄漏,引发火灾爆炸事故。

②毒害性。毒害性是指某些易燃气体,如一氧化碳、氨气等对人体具有毒害性。因此,在遇到具有毒害性易燃气体泄漏事故时,应做好安全防护以防中毒。

2.易燃液体

在本章的试验中,我们了解了香水、花露水中的乙醇,指甲油中的丙酮、乙酸乙酯是易燃液体,它们的火灾危险特性可概括为六方面。

易燃液体标志

（1）易燃性。

易燃液体的特点是：在空气中接触火源极易着火并持续燃烧。

易燃液体远离火种

（2）爆炸性。

与其他液体一样，易燃液体在任何温度下都能蒸发，与空气混合形成爆炸性蒸气，遇明火即会发生爆炸。易燃液体的蒸发速度不仅与温度等环境因素有关，而且取决于其自身沸点、密度等性质。

（3）受热膨胀性。

易燃液体同样具有受热膨胀性。密闭容器中的易燃液体受热后，自身体积膨胀，同时蒸气压力增加，当蒸气压力超过该容器承受压力极限时，容器便会发生膨胀，以致爆裂。夏季盛装易燃液体的桶出现的"鼓桶"、玻璃容器爆裂，就是液体受热膨胀所致。

（4）流动性。

流动性是液体的基本物理属性，流动性增加了易燃液体的火灾危险性。小朋友们在新闻中经常会看到马路上油罐车发生泄漏着火，着火面积大，影响范围广，给消防员的扑救工作带来困难。

（5）带电性。

大多数易燃液体属于电介质，在灌注、运输和喷流过程中能够产生静电，静电荷聚集到一定程度就会放电，有可能引起火灾或爆炸事故。

（6）毒害性。

部分易燃液体或其蒸气，可通过人体皮肤、呼吸道、消化道进入人体，对人体造成刺激、使人中毒。我们试验中的指甲油就含有对人体有害的物质。

可能小朋友们在生活中还不认识或很少见到易燃固体、易于自燃的物质和遇水放出易燃气体的物质、氧化性物质和有机过氧化物这四类危险品，但随着我们年龄和知识的增长，我们会逐渐认识它们。在这里安博士一并将它们的危险性教给小朋友们。

3. 易燃固体

易燃固体是在常温下以固态形式存在, 燃点较低, 遇火受热、撞击、摩擦或接触氧化剂能引起燃烧的物质。如赤磷、硫黄、松香、樟脑、镁粉等。它们的危险性体现在以下几个方面。

易燃固体标志

（1）燃点低、易点燃。

易燃固体的着火点较低, 一般都低于 300 摄氏度, 在常温下仅需很小的能量即可引燃。

（2）遇酸、氧化剂易燃易爆。

绝大多数易燃固体遇酸、氧化剂会迅速发出大量的热, 引起火灾或爆炸。如镁、铝等金属固体遇酸会生成爆炸性气体, 红磷遇氯酸钾、高锰酸钾, 过氧化物和其他氧化剂时可引起爆炸。

（3）毒害性。

易燃固体本身或燃烧后大都会产生有毒物质。如二硝基苯、二硝基苯酚等含有硝基、亚硝基、重氮等基团的物质，在燃烧时会产生一氧化氮、氰化物等有毒气体；硫与皮肤接触即可引起中毒。

4. 易于自燃的物质的火灾危险性

自燃物品标志

自燃物质是指在常温、无外界火源存在时，由于氧化、分解、聚合等原因，在空气中自行产生热量，并逐渐积累，从而达到燃点引起燃烧的物质，其火灾危险性体现在以下几个方面。

（1）遇空气自燃性。

大部分易于自燃的物质是强还原剂，遇空气会迅速被氧化，并产生大量热量，达到自燃点而燃烧，当遇到氧化性更强的物质时，甚至会发生爆炸。

（2）遇湿自燃性。

硼、锌、锑、铝的烷基化合物类易自燃物品,化学性质非常活泼,除了遇空气等氧化剂自燃外,遇水或受潮也会发生分解自燃,甚至爆炸。

（3）积热自燃性。

一些易于自燃的物质在常温下会发生缓慢分解,随着热量的蓄积,达到自燃点而发生燃烧。如硝化纤维胶片、影片胶卷等。

5. 遇水放出易燃气体的物质的火灾危险性

遇湿易燃物品标志

遇水放出易燃气体的物质是指遇水放出易燃气体,并且该气体与空气混合能够形成爆炸性混合物的物质,比较常见的有钾、钙、钠、电石(碳化钙)等,其火灾危险性如下:

（1）遇水或遇酸燃烧性。

遇水或遇酸燃烧性是遇水放出易燃气体的物质的共性。因此,在储存、运输和使用此类物质时,应注意防水、防潮。此类物质着火时,不能用水或泡沫灭火剂扑救,应用沙土、二氧化碳、干粉灭火剂等进行扑救。

（2）自燃性。

一些金属碳化物、硼氢化合物放置于空气中即可自燃,有的金属氢化物遇水能生成可燃气体放出热量而发生自燃。因此,在储存这类物品时,必须与水隔离,注意防潮。如金属钠、钾存放在煤油中,金属锂保存在液体石蜡中或者是封存在固体石蜡中。

（3）爆炸性。

有些遇水放出易燃气体的物质如电石（碳化钙）等,与水作用生成可燃气体与空气形成爆炸性混合物。

6. 氧化性物质和有机过氧化物

（1）氧化性物质的火灾危险性。

氧化性物质是指本身未必燃烧,但可释放出氧,可能引起或促使其他物质燃烧的一种化学性质比较活泼的物质。火灾危险性表现在以下几个方面。

氧化剂标志

①氧化性。氧化性是氧化性物质的固有属性，这类物质氧化性强，与可燃物作用能发生着火和爆炸。如钾、钠等碱金属、碱土金属性质活泼，氧化性极强。

②受热撞击分解性。大多数氧化性物质受热、被撞击或摩擦时易分解出氧，若接触易燃品即有可能引起着火或爆炸。如硝酸铵受热、猛烈撞击时，会迅速分解而引起爆炸

③与可燃液体作用自燃性。有些氧化性物质，如高锰酸钾、过氧化钠等与可燃液体接触会发生化学反应，放热引起燃烧。

④与酸作用分解性。大多数氧化性物质与酸作用会发生分解反应，并放出大量热量，甚至引起爆炸。如高锰酸钾、氯酸钾遇酸会发生剧烈反应，具有很高的危险性。

⑤与水作用分解性。活泼金属过氧化物遇水会产生氧气，引起可燃物燃烧。如高锰酸钾与含水的纸张、棉布接触

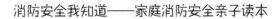

时,会立即引起燃烧。

⑥强氧化性物质与弱氧化性物质作用分解性。强氧化剂与弱氧化剂接触会发生复分解反应,并放出大量热量,从而引起燃烧甚至爆炸。如硝酸铵与亚硝酸钠反应生成不稳定的亚硝酸铵,其受热或震动撞击时可发生爆炸,受热时会分解,放出有毒烟气。

⑦腐蚀毒害性。部分氧化性物质具有一定的腐蚀毒害性,会对人体造成伤害,如化学试验室用到的铬酸洗液,既有很强的腐蚀性,又由于其中含有高价铬离子,接触人体会造成铬中毒。

(2)有机过氧化物的火灾危险性。

有机过氧化物是指分子中含有过氧官能团的有机化合物,如双氧水、过氧化钠等,它们的火灾危险性表现在以下几个方面。

有机过氧化物标志

①易燃性。许多有机过氧化物非常易燃,在常温下即可自燃。如二叔丁基过氧化物,高度易燃,闪点为18摄氏度,其蒸气和空气会形成爆炸性混合物。

②分解爆炸性。有机过氧化物不仅易燃,而且极易分解爆炸,由于分子内含有过氧基,分子结构不稳定,对温度、冲击和摩擦敏感。如二乙酰过氧化物在存放中就有可能发生燃烧爆炸;过氧苯甲酰极不稳定,在撞击、受热、摩擦时能爆炸。因此,在日常储存、运输中,应特别小心,做好防火、防爆措施,严禁受热,避免摩擦、撞击。

③伤害性。一些过氧化物如二乙酰过氧化物、二叔丁基过氧化物会对人的眼睛造成伤害。

4.6 温馨提示

(1)喷雾式的化妆品,如香水、花露水等,要在通风的环境中使用,不要靠近明火,储存温度也不宜高于35摄氏度。

(2)冬季使用香水不能靠近电暖器等取暖设备。

(3)夏天在燃着的蚊香、蜡烛附近,最好不要使用花露水和香水。

(4)当身上刚刚喷洒香水、花露水时,最好不要使用打火机、火柴或吸烟,因为这些火源容易引燃化妆品。

(5)指甲油含有众多易燃、易挥发成分,尽量在通风、敞开

的环境里使用,切记一定要远离火源,刚涂完指甲油最好不要进厨房做饭,也不要接触小太阳、电暖器等加热电器,更不能边抽烟边涂指甲油。指甲油应保存在阴凉处,尽量不要放置在阳光能照射到的地方,更不能长期处于高温暴晒环境中。

小朋友们,安博士带我们探索了常见化妆品的可燃性,并科普了易燃易爆危险品的火灾危险性,目的就是告诉小朋友们,在生活中使用含有易燃易爆危险品的物品时,一定要注意安全,应该在爸爸妈妈的陪伴下,按照使用说明规范操作,避免事故的发生。小朋友们,一定要记住哦!

参考文献

[1] 女子边化妆边点烟,突然引燃了脸上的化妆品. 上海电视台

[2] 中国国家标准化管理委员会. GB13690—2009. 化学品分类和安全通则 [S]. 北京:中国标准出版社,2009.

 情景模拟视频请扫描下方二维码播放观看

第5章 杀虫剂遇火"炸"给你看

5.1 小心使用杀虫剂

如果问一年四季哪个季节最迷人，我相信大多数小朋友会选择夏天。没错！世上万物都是在夏天展示出自己的风采的，蔚蓝的天空、清澈的湖水、翠绿的树木、鲜艳的花朵，还有可爱的小动物们，然而，天气闷热气温升高，扰人的蚊虫也活跃起来。一想到这些蚊虫，小朋友们一定都恨得牙根痒痒。要把这些不速之客赶尽杀绝，气雾杀虫剂成了消灭蚊虫的首选，有了它，小朋友们再也不用担心这些虫子在耳边嗡嗡叫啦。

当然，我们在使用杀虫剂的时候，可不能小瞧它们，它们不仅杀虫威力大，火灾风险也不可小觑，小朋友们一定不可忽视杀虫剂的安全问题，小心它变成我们身边的"定时炸弹"。今天，让我们与马丁、汐汐、博涵三位小朋友一道，跟随消防百事通安博士来学习杀虫剂的火灾危险性，掌握其安全使用方法和注意事项，让它们真正成为我们生活的好帮手！

小朋友们，大家好，随着夏季的到来，我们的生活中会越来越多地使用一个家庭常备品——杀虫剂。它不仅杀虫厉害，火灾危险性也不容小觑。现在就让我带小朋友们见识一下杀虫剂的火灾危险性吧！

首先，我们来看一个场景，看看试验达人慕老师是怎么教小楠认识杀虫剂火灾危险的。

场景：

小楠正在厨房烧水，突然发现点燃的灶台边上居然有虫子，吓一大跳，这时她想到了家里恰好买了杀虫剂，便拿起杀虫剂，准备来个速战速决，这时，我们的试验达人慕老师及时赶到，不但没有帮助小楠，反而叫停了小楠的行为。这是为什么呢？难道虫子是益虫不能杀害吗？

小楠：慕老师你怎么又叫停了？

慕老师：你得好好谢谢我，我刚刚可救了你。

小楠：啊？慕老师你是在开玩笑吧，莫不会你是为了救虫子吧。

小楠准备用杀虫剂消灭灶台边的虫子

慕老师：我当然没有开玩笑，如果刚才你使用了杀虫剂，那杀死的可不仅仅是小虫子，整个厨房都有可能发生火灾，后果不堪设想呢！

小楠：杀虫剂还能着火？

慕老师：是的，杀虫剂里含有很多易燃易爆的有机物质，如果喷出来遇到点燃的燃气灶很容易引发事故。

慕老师制止了小楠

小朋友们,小小杀虫剂肚子里装的"药水"不仅能杀死虫子,而且具有较高的火灾危险性,错误使用很容易酿成事故,安博士给大家看几个发生在我们身边的真实案例。

全是身边的事故,血淋淋的教训!小朋友们要重视了!

5.2 那些杀虫剂引发的火灾

案例 1：

2013 年 11 月 12 日,我国台湾地区台南市施女士在自家阳台喷洒气雾杀虫剂时,莫名奇妙地发生爆炸。消防人员赶到后发现,施女士在阳台喷洒气雾杀虫剂时,没注意到旁边有一台正在运转的热水器,结果气雾杀虫剂中的挥发剂碰上火源,轰的一声瞬间爆炸。幸好施女士伤势不重,没有生命危险。

案例 2:

2015 年 8 月 23 日下午北京一主妇在厨房煮饭,发现有几只蟑螂在洗涤槽边,她就顺手抓起一瓶杀虫剂朝蟑螂喷射,蟑螂一下跑到煤气灶下面,她就把杀虫剂喷头对着正烧着火的煤气炉位置喷射,结果发生了爆炸,厨房迅速被大火侵袭,很快可怜的主妇浑身着火,灼伤率达 85%,送到医院时因心肺衰竭而死亡。

厨房爆炸事故现场(案例及图片源自网络,http://n.cztv.com/news2014/1049574.html)

案例 3:

2016 年 4 月美国新泽西州一名屋主为了歼灭蟑螂狂喷杀虫剂,结果歼灭蟑螂不成,反而引发猛烈爆炸。据报道,爆炸

发生在一栋 3 层高的民居的一个地下单元,爆炸事故造成窗户飞出,大门弯曲变形,厨房范围亦遭受破坏,并造成两名成人及一名儿童受伤。

通过上面的案例,小朋友们可以发现,事故的发生都有一个共同点:使用气雾杀虫剂时,向火源和发热物品喷射或直接放在火源旁,从而引起火灾爆炸。接下来,安博士再给小朋友们介绍另外几个案例,看看它们之间又有什么共同点。

案例 3:

2015 年 7 月 3 日下午 4 时左右,德州市 120 急救调度指挥中心接到报警:临邑县某村发生一起杀虫剂爆炸事件。报警人报警急促,称家中一大人一孩子被炸伤了。指挥中心工作人员经过进一步了解得知,家中大人孩子在窗台边乘凉,放在墙角的杀虫剂突然爆炸,将两人炸伤。

案例 4:

2017 年 7 月 31 日下午,南京市栖霞区摄山派出所接到市民报警称,摄山星城第二小学旁边的马路上,有一辆面包车内传来两声爆炸的巨响,车辆报警一直不停地叫。民警在事发现场可闻到一股芳香气味,车辆的侧窗玻璃受气浪冲击整片脱落飞落在地。车辆侧面的移门被炸变形,留下一道很宽的缝隙,但轨道弯曲,车门打不开。经调查,在阳光的照射下,车内温度迅速升高,车内的"全无敌"气雾杀虫剂发生了爆炸,并且至少接连炸了两罐。

车窗被炸飞，车门被炸变形

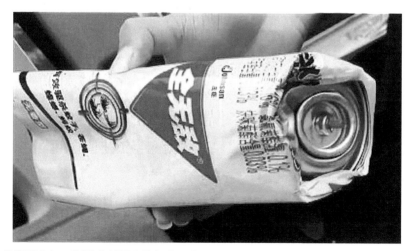

惹祸的"全无敌"（案例及图片源自网络，http://js.people.com.cn/n2/2017/0802/
c360303-30560291.html）

案例5：

2017年8月，山东莱州的龚女士家中存放的杀虫剂发生爆炸。发生爆炸的杀虫气雾剂只剩下了罐体部分，因为爆炸时强烈的冲击力，车库的房顶被打出了一个大洞，院子里的篷布也被烧焦，现场一片狼藉。事故造成龚女士身上多处被烧伤。

原来不仅火可以点燃杀虫剂，若杀虫剂罐受高温、震动、碰撞或者存放方式错误，也会导致意外发生。接下来，小朋友们一起走进安博士的试验室目睹杀虫剂的威力吧。

5.3 杀虫剂燃烧模拟试验

一次次惨痛的教训告诉我们，一定要注意杀虫剂的安全性。让安博士给小朋友们演示两个我们生活中经常遇到的场景，看看杀虫剂的火灾危险性吧。

5.3.1 敞开空间杀虫剂遇火试验

这个试验，我们需要准备气雾剂自动释放装置、一罐常见的杀虫剂，一支蜡烛以及火柴。试验的目的是模拟我们生活中将杀虫剂喷向火源时产生的燃烧现象。

试验开始，首先，我们将杀虫剂固定在气雾剂自动释放装置上，在杀虫剂喷口正前方10厘米处摆放一支蜡烛，喷口高度与蜡烛火源保持平齐；其次，点燃蜡烛，接着打开自动释放

装置,观察试验现象。

敞开空间杀虫剂遇火试验

马丁:哇,好大的火!

博涵:杀虫剂遇到火,噗!就着了,火苗这么长。

汐汐:杀虫剂好危险啊,我距离它这么远都感觉到火的温度了。

安博士:你们观察得很仔细呀,描述也很准确,可以发现杀虫剂从喷口出来时还是水雾状的,遇到蜡烛后瞬间燃烧起来,并且火焰大、燃烧非常猛烈。

5.3.2 密闭空间内杀虫剂泄漏遇点火源试验

下面这个试验我们考察杀虫剂在相对密闭空间内泄漏

时，遇到点火源发生的现象。

　　试验开始前，我们需要一个圆柱形的圆筒，圆筒两端是敞开的。将固定在自动释放装置上的杀虫剂放置于圆筒的一端，喷口对准圆筒内；将一支蜡烛固定在圆筒内的另一端，并用塑料薄膜将这端封住。试验开始，先点燃蜡烛，待蜡烛稳定燃烧后，再打开自动释放装置，持续释放杀虫剂，观察试验现象。

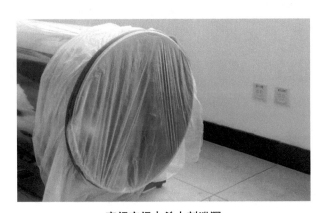

密闭空间内杀虫剂泄漏

　　马丁：这次杀虫剂怎么没着呢。

　　博涵、汐汐：是呀，安博士你失败啦。

　　安博士：哈哈，别着急呀，马上就是见证奇迹的时刻啦！

　　马丁、博涵、汐汐：炸啦，炸啦！好厉害啊！

　　博涵：快看薄膜被冲破了，火苗都蹿出来了。

　　汐汐：威力比上一个试验都大。

密闭空间内杀虫剂遇点火源燃烧

安博士：是不是觉得很神奇呀，刚开始杀虫剂还没有被点燃，是因为杀虫剂浓度很低。随着时间的延长，杀虫剂释放越来越多，达到一定浓度后，遇到点燃的蜡烛，加上在密闭空间内，就形成了猛烈的爆炸。

孩子们，知道杀虫剂的厉害了吧，小朋友们可不要随便玩火哦，还要告诉你们的爸爸妈妈要安全使用杀虫剂。

5.4　杀虫剂火灾爆炸原理

杀虫剂的火灾危险性不仅取决于其自身组分的性质，而且与其储存容器的结构有密切关系。

小朋友们一定观察到了，我们常见的杀虫剂都是装在金属罐内的，这是一种典型的气雾剂罐，它的工作原理是用一种被储存在高压下的流体将另一种流体推挤出喷嘴。气雾剂罐

内装有两种不同的流体,一种是喷射剂,这种流体沸点在室温以下;另一种是产品剂料,通常在很高温度下才会沸腾。我们所说的杀虫剂就是产品剂料。下图是气雾剂罐典型结构图。当我们按下喷头时,罐内和罐外连接的通道被打开,液态的产品剂料在高压喷射剂的驱动下,顺着塑料导管上升并喷出喷嘴,形成喷雾。

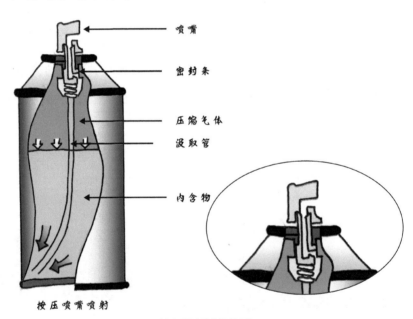

压缩气雾剂罐结构图

杀虫剂的危险性来源于两方面:一是杀虫剂的推动剂,主要成分是碳氢化合物——丙烷、丁烷,这些物质是典型的易燃易爆物质,燃点低,极易燃烧爆炸。伴随着杀虫剂药液喷出,药液内的丙烷、丁烷成分与空气混合后,形成爆炸性混合物,遇明火、火花或高温就会发生爆炸。二是杀虫剂的主要成分溶解在有机溶剂当中,而这些有机溶剂一般是低级脂肪烃,类似液化气、汽油、煤油等物质,这些低级脂肪烃也是易燃易爆的。

杀虫剂等有机溶剂有易燃易爆的特点,在使用时要远离火源。

5.5　温馨提示

(1)使用杀虫剂时,不要向火源和发热物体喷射或直接放在火源旁,应当远离火源,特别是不能在有明火的厨房内使用,以免引起火灾。

(2)使用杀虫剂时避免静电摩擦。摩擦或者静电产生的火花也会引发爆炸,使用时最好远离或者关闭电源,避免剧烈

摇晃。

(3)杀虫剂应存放在阴凉通风处,避免高温暴晒,不要放在 50 摄氏度以上的环境中,因为外界温度会对杀虫剂罐装气体的压强产生影响,气温越高,罐内压力越大,越容易爆炸。

(4)不要挤压敲打杀虫剂,因为杀虫剂内有低沸点溶剂和推进剂,一旦过度挤压或剧烈敲打摇晃,内外部温度产生差异,压力变化,很容易引发爆炸事故。

(5)尽量选购正规品牌大厂家生产的产品,并且尽量在正规的大型超市购买。选购标签内容合格的产品,不要选购内容不全或不实的产品。

(6)杀虫剂的使用年限一般是 2 至 3 年,过期后切勿使用。

参考文献

[1] 刚刚还在炒菜,少妇煮饭时用了杀虫剂,生命瞬间就没了! 新蓝网·浙江网络广播电视台.

[2] 房子炸坏了蟑螂还在:男子狂喷杀虫剂遇火致爆炸 [EB/OL]. 中国新闻网.

[3] "全无敌"暴晒后爆炸南京一面包车车窗被炸飞 [EB/OL]. http://bbsl.people.com.cn/post/129/112/163845222.html.

[4] 蒋国民. 气雾剂理论与技术 [M]. 北京:化学工业出版社,2011.

 情景模拟视频请扫描下方二维码播放观看

第6章 危险！面粉也能爆炸

6.1 面粉也能爆炸？

    三位小朋友在消防百事通安博士的带领下，学习了许多生活中常见物品的火灾危险性及预防措施。今天，安博士要带小朋友们一起来认识我们经常吃的面粉。前段时间，电视剧《伪装者》里有一个桥段：在面粉厂里，阿诚划破了几袋面粉，并将其抛向空中，然后点着打火机，整个房间瞬间爆炸……看到这里，也许有观众会觉得这有点假："面粉怎么可能会爆炸呢？"

提到面粉，小朋友们想到的一定是各种可口的美食，殊不知其可怕的一面，它到底有哪些火灾危险性呢？让我来带小朋友们一起看一看。

面粉是一种由小麦磨成的粉状物，是我国北方大部分地区的主食，用面粉制成的食物品种繁多，花样百出。它到底有没有火灾危险性呢？我们先来给小朋友们看一个场景。

场景：

小楠在厨房抖面粉袋

小楠是一位居家达人，晚饭时间，小楠打算用面粉做面条，旁边的天然气灶在烧着水，眼看面粉不多了，小楠想把袋里剩余的面粉都倒出来，准备抖抖面粉袋，正在这时，试验达人慕老师却急忙制止了小楠的行为。小朋友们，让我们看看这到底是怎么回事。

慕老师：小楠，你这是准备抖面粉袋吗？

慕老师制止了小楠

小楠: 对啊,袋里还有一点面粉,想倒出来,不能浪费嘛。

慕老师: 你刚才的行为是很危险的,很可能会酿成事故。

小楠(惊讶): 面粉怎么会有危险?

慕老师: 别小瞧面粉,每年都会发生面粉、淀粉引发的火灾爆炸事故。

小楠: 原来柔软的面粉还有如此惊人的威力呢。

慕老师: 小朋友们,我们每天吃的面粉,其实也潜藏着一定危险性,一旦使用不当,便会发生悲剧,下面安博士带大家看几个真实案例!

全是身边的事故，血淋淋的教训！小朋友们要重视了！

6.2　那些粉尘引发的火灾

案例 1：

2018 年 11 月 22 日凌晨 1 时，香港浸会大学宿舍楼突然发生爆炸，事故造成 12 名 18 至 23 岁的学生 (4 男 8 女) 面部、手和脚不同程度烧伤。在事发现场，约 20 名学生一起举行生日聚会，当大家围着生日蛋糕唱歌时，突然有人互撒面粉，疑似扬起的面粉遇到未熄灭的蜡烛，发生粉尘爆炸，酿成烧伤事故，所幸事故未造成人员伤亡。

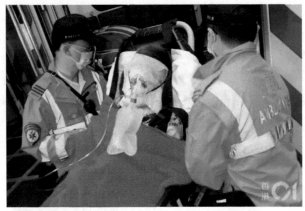

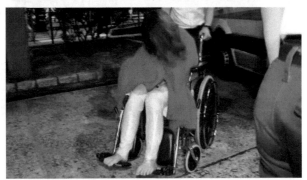

11·22 浸会大学面粉爆炸现场（案例及图片源自网络，http://www.sohu.com/a/279935902_120034325）

案例 2：

2010 年 2 月 24 日 15 时 58 分，秦皇岛骊骅淀粉股份有限公司淀粉四车间发生了淀粉粉尘爆炸事故。事故发生时，现场共有 107 人。事故导致 21 人死亡、47 人受伤，6 人重伤，直接经济损失 1 773 万元。淀粉四车间的淀粉包装间和仓库南、北、东三面围墙被摧毁，爆炸和坍塌的墙体砸毁了 2 辆位于仓库北侧和1辆位于仓库东南侧的淀粉集装箱车,仓库西端的房顶坍塌。紧邻淀粉四车间的干燥车间和南侧毗邻糖三库房部分玻璃窗被震碎,窗框移位。经调查,事故发生在对车间振动筛进行清理和维修过程中,铁质工具摩擦撞击装置产生的机械火花,将清理过程中产生的处于爆炸范围内的粉尘云引燃,在该振动筛周围发生爆燃。随后又引发了一系列爆炸事故。

河北秦皇岛骊骅淀粉公司粉尘爆炸现场(案例及图片源自网络)

案例3:

2015 年 6 月 27 日,我国台湾新北市八里八仙水上乐园举办"彩色派对"活动,当晚约 20 时 30 分,主舞台突然起火,加上疑有燃灼性的不明粉末扩散,造成多人受伤。据统计,台湾粉尘爆炸最终造成 10 人死亡、500 多人受伤。经过调查,由于活动现场大量喷射玉米粉散落到长时间照明的灯具上,灯具

产生的高温引燃玉米粉,致使爆炸发生。

6·27 新北游乐园粉尘爆炸事故现场(案例及图片源自网络, http: //news.ifeng. com/taiwan/special/twylyfcbz/)

案例 4:

2017 年 5 月 19 日 16 时 25 分,山东省寿光市新丰淀粉有限公司发生粉尘爆炸事故,造成 1 人死亡、6 人受伤。据初步调查分析,事故发生的直接原因是:电焊作业产生的高温引燃了生产装置内的粉尘层,成为粉尘爆炸的点火源。

因面粉、淀粉等粉尘爆炸引起的火灾爆炸事故时有发生,充分掌握粉尘爆炸发生机理,了解事故危害,对预防粉尘爆炸事故发生具有重要的意义,让我们跟随安博士一起在试验室进行面粉燃烧试验吧。

6.3　面粉轰燃模拟试验

这个试验主要模拟的是日常生活中,烧菜时面粉散落到明火灶台上的情况。试验开始,我们先把面粉倒在一个试验台上,然后将一支蜡烛固定在铁架台上,与试验台保持一定距离,并使蜡烛高度略低于试验台表面,点燃蜡烛,待火焰稳定后,通过塑料管将试验台上的面粉吹至火焰上方位置。

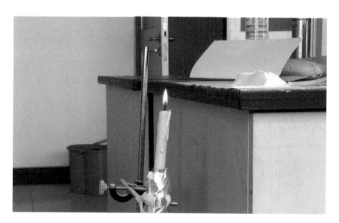

面粉燃烧试验 1

小博士：小朋友们，你们看到了什么？

马丁：面粉着火了！

博涵：吹起来的面粉，噗！变成了一个大火球。

面粉燃烧试验 2

安博士：没错，通过刚才的试验我们可以发现，被吹出的面粉在空中形成了一层厚厚的粉尘团，当粉尘团接触到燃烧的蜡烛时，即被点燃，并在空中迅猛燃烧，形成了一个大火球。同样地，平时喝的奶粉、做饭用到的淀粉在上面的试验条件下，也会发生轰燃。

安博士：孩子们，看了刚才的试验，我们一定要记住：当我们开着天然气灶的时候，千万别扬撒面粉！

6.4　面粉爆炸原理

在讲试验原理前，安博士先来给小朋友们科普一下粉尘

的基本定义。

通常,凡是呈细粉状态的固体物质均称为粉尘,能燃烧和爆炸的粉尘叫作可燃粉尘,悬浮在空气中的粉尘叫悬浮粉尘。

扬起的面粉在敞开空间遇到明火会发生轰燃,如果相同的试验发生在一定密闭环境时,则会变为爆炸,并且威力惊人。研究人员在一个亚克力箱里倒上面粉,又用鼓风机把面粉吹起来,通过遥控开启电子打火器,结果亚克力箱瞬间爆炸!

面粉之所以会成为"炸药",是因为面粉中含有碳、氢等元素,它们都是可燃烧的物质。同时,还有一个重要条件就是必须是细小的粉尘颗粒。当然,小朋友们不要认为面粉是危险的,我们今后就不吃面粉了,事实上,面粉爆炸需满足一定条件:一是大量的面粉细微粉尘,悬浮于空中,形成人们常说的粉尘云,并达到很高的浓度,对面粉而言,每立方米空气中含有 9.7 克面粉就达到了爆炸条件;二是有充足的空气或氧化剂;三是遇到火苗、火星、电弧或适当的温度或强烈的摩擦、振动。当以上三个条件同时满足时,面粉就会瞬间燃烧起来,形成猛烈的爆炸,其威力不亚于炸弹。

在日常生活中,除了面粉、奶粉,还有许多容易引发爆炸事故的粉尘,大致可分为六类:①铝粉、锌粉、硅铁粉、镁粉、铁粉等金属粉尘;②煤粉尘;③塑料粉末、燃料等合成材料粉尘;

④小麦粉、糖、可可粉、奶粉等食品粉尘；⑤木屑、纸粉等林产品粉尘；⑥饲料以及棉花、烟草等农副产品粉尘。这些粉尘在空气中的浓度达到一定值时，一旦遇到明火，即便是星星之火，也会引起剧烈爆炸。

粉尘颗粒虽小，但比表面积大，相比块状物质，其化学活性更强，很容易发生物理变化或化学变化，接触空气面积增大后，吸附氧分子多，氧化放热过程快。粉尘爆炸可分为三个阶段：第一步是悬浮的粉尘在热源作用下迅速地干馏或气化而产生出可燃气体；第二步是可燃气体与空气混合而燃烧；第三步是粉尘燃烧放出的热量，以热传导和火焰辐射的方式传给附近悬浮的或被吹扬起来的粉尘，这些粉尘受热气化后使燃烧循环地进行下去。随着每个循环的逐次进行，其反应速度逐渐加快，通过剧烈的燃烧，最后形成爆炸。这种爆炸反应以及爆炸火焰速度、爆炸波速度、爆炸压力等将持续加快和升高，并呈跳跃式的发展。

6.5　粉尘爆炸危害

粉尘爆炸事故在国内外时有发生，由于其造成严重的人员伤亡和财产损失，所以引起社会各界的广泛关注。美国在1980—2006 年间，共发生 280 起粉尘引起的火灾爆炸事故，导致 119 人死亡、700 人受伤。日本在 1952—1979 年间，发生各类粉尘爆炸事故 209 起、伤亡 546 人,其中以粉碎制粉工程和吸尘分离工程较突出,各为 46 起。德国在 1965—1980 年间,发生各类粉尘爆炸事故 768 起。在我国,由可燃粉尘引发的火灾爆炸事故多次发生,据不完全统计, 2005—2015 年,我国共发生粉尘爆炸事故 72 起,死亡 262 人、受伤 634 人。特别是 2010 年以来,我国发生了几次特大粉尘爆炸事故。2014 年 8 月 2 日,昆山中荣金属制品有限公司发生铝合金粉尘爆炸事故,共造成 146 人死亡、114 人受伤,直接经济损失 3.51 亿元。

通过前面的试验,我们直观感受了面粉爆炸的威力。事实上,粉尘爆炸危害具体体现在以下几方面。

(1)粉尘爆炸极具破坏性,与可燃性气体爆炸相比,粉尘爆炸压力上升较缓慢,较高压力持续时间长,释放的能量大。

(2)粉尘爆炸涉及的范围很广。近年来,我国每年的粉尘爆炸事故在煤炭、化工、医药加工、木材加工、粮食和饲料加工等部门都时有发生,发生粉尘爆炸的频率为:局部爆炸 150~300 次,系统爆炸 1~3 次,且呈增长趋势。印度、澳大利亚、新西兰、马来西亚、韩国、菲律宾等国家也发生过乳制品、面粉、食糖、煤粉等爆炸事故。

(3)粉尘爆炸的最大特点是容易产生二次爆炸及多次爆炸,往往是火灾和爆炸同时发生。第一次爆炸气浪把沉积在设备或地面上的粉尘吹扬起来,在爆炸后的短时间内爆炸中心区会形成负压,周围的新鲜空气便由外向内填补进来,形成所谓的"返回风",与扬起的粉尘混合,在第一次爆炸的余火引燃下引起第二次爆炸。第二次爆炸时,粉尘浓度一般比第一次爆炸时高得多,故第二次爆炸威力比第一次要大得多。

(4)产生有毒气体。可燃粉尘成分中往往含有碳、氮、硫等元素,发生爆炸后,这些物质发生化学反应,产生一氧化碳、一氧化氮、二氧化硫,以及爆炸物自身分解的毒性气体。毒气的产生往往造成爆炸过后的大量人畜中毒伤亡,必须引起充分重视。

6.6 温馨提示

小小面粉,可以做出美味佳肴,看似平淡无常,竟然也是厉害的隐藏杀手!因此,在厨房用明火做饭时,一定要注意:

(1)家里的面粉、玉米粉、淀粉等要注意存放位置,远离火源。

(2)使用面粉时,尽量远离火源;在靠近火源处,不可随意抛撒面粉,杜绝抖面粉袋这种行为。

(3)如果不小心将面粉等扬撒出来,应赶紧关闭所有火源,并马上开窗通风。

(4)小朋友们千万不要随意玩面粉。

参考文献

[1] 香港浸会大学宿舍疑因洒面粉庆生致爆炸 12 名学生烧伤 [EB/OL]. http://hews.ifeng.com/a/20181122/60170125_0.shtml?_zbs_firefox.

[2] 梁冰. 秦皇岛骊骅淀粉股份有限公司"2·24"粉尘爆炸事故 [J]. 现代班组, 2015 (2) 24.

[3] 台湾游乐园粉尘爆炸 [EB/OL]. 凤凰网.

[4] 关于寿光市新丰淀粉有限公司"5·19"粉尘爆炸事故情况的通报. 鲁安监发〔2017〕67 号.

[5] 毕明树. 气体和粉尘爆炸防治工程学 [M]. 北京化学工业出版社, 2017.

 情景模拟视频请扫描下方二维码播放观看

第7章 "小太阳"变身"火太阳"

7.1 "小太阳"使用不当，变成大麻烦！

马丁、汐汐、博涵三位小朋友正在热烈地讨论他们最喜欢的季节，马丁喜欢炎热的夏天，因为那时候妈妈会带他去游泳，而汐汐和博涵喜欢冬天，因为他们最喜欢在冬天的时候出去堆雪人、打雪仗！说到冬天，安博士就带大家认识一个经常在冬天使用的生活电器——小太阳取暖器。就像它的名字一样，它像太阳一样给我们提供光和热，给我们带来了温暖。

安博士："小太阳虽然能像太阳公公一样带给我们温暖，但是使用不正确也隐藏着火灾风险！"马丁："天啊，小太阳不是能让家里变得温暖吗？为什么会有危险呢？"汐汐："我家里就有一个小太阳取暖器，这可怎么办哪！"博涵："安博士，小太阳取暖器到底有什么危险呀？"

安博士这就带小朋友们去看看，祥子和小楠是怎么使用小太阳取暖器的。

祥子和小楠是怎么使用小太阳取暖器的,它到底隐藏着什么危险呢?

场景:

小楠在家里洗衣服,因为出门还想穿这件,所以想用小太阳来加速烘干湿衣服。这一幕正好被祥子看到了,祥子和小楠对这种做法开始了讨论。小朋友们,你们觉得小楠这样用小太阳正确吗?

小楠使用小太阳烘干衣服

马丁:我觉得挺好的呀,小太阳打开以后热乎乎的,肯定

能让衣服快一点干。

汐汐：我家的洗衣机也可以烘干衣服，所以小太阳也可以吧！

博涵：小太阳取暖器是用来取暖的，我觉得这样用不对！

小朋友们的看法各有各的道理，但是安博士还是赞成博涵的意见，小太阳取暖器是用来给寒冷的房间增添温暖的家用电器，用它烘干衣服肯定是不对的，我们看看小楠和祥子是怎么说的吧。

祥子：小楠，你怎么把衣服放到小太阳取暖器上啦？

小楠：这件衣服我出门想穿呢，这样衣服很快就能干啦。

祥子：小楠，这你就不懂了吧，小太阳取暖器的工作温度是很高的，这样做不仅衣服要烤糊了，还存在极大的火灾风险！

小楠：听你这么一说才知道，原来小太阳取暖器不能用来烘干衣服呀！

祥子阻止了小楠

小朋友们,小太阳取暖器在使用的时候,千万不能在上面覆盖易燃物品,要给它留出足够的工作空间才可以。下面我们就详细地介绍一下这种既可以带来温暖又存在火灾风险的家用电器——小太阳取暖器。

小太阳到底应该怎么用才是正确的呢?它存在什么火灾风险呢?

7.2 那些小太阳取暖器引发的火灾

案例 1:

据新安晚报报道,2018 年 1 月 31 日上午,在合肥市临泉路与肥西路的橡树湾小区一住户家中发生一起火灾,报警人称家中使用小太阳烘烤衣服不慎着火,所幸没有造成人员伤亡。合肥消防支队四里河中队到达现场后发现,该住户家中浓烟弥漫,烟气呛人,物业人员已用干粉灭火器控制火势,消防员用一桶水将明火扑灭,并打开窗户疏散家中浓烟。着火点位于卧室,过火面积较小。由于天气较冷,住户家中窗户紧闭,浓烟熏黑了整个卧室,卧室的门关着,火势和浓烟并未殃及其他房间。

小朋友们,小太阳取暖器使用不当确实会引发火灾,经过消防官兵调查,引发火灾的罪魁祸首正是小太阳取暖器上烘烤的衣服。衣服经过高温烘烤后开始燃烧,随后继续引燃了卧室内的窗帘、床单等可燃物,最终酿成大火。

刚才的案例中,户主及时发现了火灾,并没有造成人员伤亡,但是下面的案例可就令我们非常痛心了。

案例 2:

据搜狐网宜春消防发布的消息,2018 年 1 月 27 日下午 3 点多,和往常一样,6 个月大的男孩航航睡得很熟,奶奶给他盖好被子后就去院子里忙别的事儿了。走之前,以为自己已经关上小太阳取暖器的奶奶,将另一床小被子盖在了取暖器上面,想要用余温将被子烘暖和一点。可她万万没想到,因为自己的失误,"小太阳"并没有被关掉。而由于长时间的烘烤,取暖器引燃了棉絮,引发了火灾,睡在旁边的航航也未能幸免于难。

小男孩的头部被严重烧伤,妈妈和奶奶都非常伤心,安博士看到这里也很难过,如果不正确使用小太阳,潜在的危险太大了。

被火烧伤的小宝宝(图片来源:新安晚报)

案例 3:

小太阳不仅不能用来烘干衣物,使用的时候还必须远离易燃易爆品,看了下面这个例子小朋友们就明白了。

据央视新闻报道,2014 年 12 月 15 日 0 时 26 分,河南省长垣县皇冠 KTV 发生火灾,造成 11 人死亡,24 人受伤,而造成火灾的原因是吧台内一箱空气清新剂受小太阳取暖器烘烤,热胀冷缩发生爆燃,之后由于工作人员处置不力,火势迅速蔓延。央视记者调取了事发当时的监控录像。监控录像显示:事发前 15 秒,吧台的两名服务人员正在用身后的电取暖器取暖,0 时 26 分 19 秒,电取暖器旁边的箱子突然发生爆燃,两人迅速离开现场,遗憾的是两人都没有采取灭火措施,其中一人边离开边看自己的衣服是否烧到,对身旁即将蔓延的大火全然不知。吧台堆放的大量可燃物导致火势迅速蔓延,短短 50秒的时间大火就将整个吧台吞噬,并很快蔓延到整个 KTV,最终使小火酿成大灾。

　　小朋友们,通过这些案例我们可以清楚地认识到,小太阳取暖器如果使用不当,很容易引发危险,在使用中一定要提高警惕,保证我们的人身安全。

7.3　小太阳取暖器火灾模拟试验

　　看了上面的例子,小朋友们应该对小太阳取暖器的火灾危险性有了一定的认识,那么小太阳取暖器引发火灾的具体原理是什么呢?安博士就通过试验与小朋友们一起探究这里面的科学道理。

　　安博士与他的科研团队在燃烧试验馆内进行小太阳烤燃衣物的试验。我们从市面上购买了一款常见的小太阳取暖器,打开开关后取暖器中心迅速升温、变色。把一件 T 恤衫盖在取暖器的反射罩上面,模拟小楠在家烘干衣物的场景。

试验使用的小太阳

打开小太阳

用衣服覆盖工作中的小太阳

经过大约几十秒,T 恤衫就开始冒烟,并逐渐出现明火,随后开始猛烈燃烧。从 T 恤衫刚刚盖上小太阳取暖器,到开始形成燃烧,只用了数十秒的时间。可想而知,如果盖上类似棉被这样含有更多可燃物的物品,火势将会更加猛烈。小朋友们,看了这个小试验你们还敢用它来烘干衣物吗?马丁:"太可怕了,没想到小太阳取暖器这么危险呀!"汐汐:"安博士,我们以后一定会小心使用小太阳取暖器的!"博涵:"看了这个试验才知道,用小太阳烘干衣服会引发大火!"

小太阳把衣服烤燃

我们的试验是使用小太阳取暖器烘干衣物,但是在生活中,并不是只有这一种情况会引发火灾。很多时候并不是使用不当造成火灾,火灾往往是在不经意间发生的,小朋友们一定要注意,小太阳取暖器距离沙发、窗帘、床单等易燃物品的距离一定不能过近,最好达到半米左右,距离人体也要保持安全距离,否则会出现灼伤、烫伤的情况。

如果真的遇到取暖器烤燃了周围物品该怎么办?安博士给小朋友们一些安全提示:如果发现得比较及时,还没有形成大火,那么第一时间应该切断小太阳取暖器的电源,然后马上拨打119;如果已经形成较大火势,那么首先应该拨打119,并立即逃生,切忌用水浇灭小太阳取暖器。

马丁:安博士,您刚才说的我都记住啦!

汐汐:使用小太阳取暖器,一定要远离易燃易爆品,绝对不能在它上面盖上衣服!

博涵:发生火灾时,断电,拨打火警电话,一定不能用水浇!

安博士:小朋友们,看来你们都认真听讲啦,说得很对。回去以后,记得要把今天学到的知识分享给爸爸妈妈和身边的人哟,让大家都能正确使用小太阳取暖器,远离火灾的危害!

7.4 取暖器原理介绍

小朋友们,安博士先带大家了解一下目前市场上销售较多的几类电取暖器以及它们的特点。

7.4.1 油汀式电取暖器

nl#none

油汀式电取暖器

油汀式电取暖器体内充有导热油,当接通电源后,电热管周围的导热油被加热,然后沿着热管或散片将热量散发出去。这种电取暖器导热油无需更换,使用寿命长,。

油汀式电取暖器的最大特点是所散发的热量较大，即使在突然停电的情况下，也会在较长时间内保持一定的温度。表面温度较低，即使人体触及也不会造成灼伤，适合于人体有可能直接碰触的场所。油汀式电取暖器使用寿命长，工作时无光无声，具有安全、卫生、无尘的优点，适合在卧室、客厅和办公室使用。安博士认为油汀式取暖器的最大优点正是它的安全性，即使接触发热表面也不会引发烤燃或烫伤。

油汀式电取暖器的预热时间较长，并且功率过大，电表容量小或电压低的家庭不能使用。另外，有类似暖气的缺点，容易使房间的空气干燥。除此之外，还存在工作时产生油烟味、导热慢、能耗大、维修及收藏不方便等问题。

7.4.2　碳纤维式电取暖器

碳纤维式电取暖器

此类产品是采用碳纤维为基本发热材料制成的管状发热体,利用反射面散热,整体为立式直桶型和长方形落地式。立式直桶型一般采用单管发热,机身可自动旋转,为整个房间供暖。打开电源后升温速度快,5 秒表面温度可达 300~700 摄氏度,功率在 600~1 200 瓦并可调节。长方形落地式采用双管发热,可以落地或壁挂使用,功率相对较大,在 1 800~2 000 瓦。除了供暖功能外,该类产品还能起到保健理疗的功效。发热体在加热时能够产生红外线辐射,相当于一部频谱理疗仪。

该类产品的优点是热得快、安装方便,有保健理疗效果。缺点是耗电量大、取暖面积小、一断电马上失去热度。

7.4.3　陶瓷发热体(PTC)式电取暖器

陶瓷发热体(PTC)式电取暖器

陶瓷发热体式取暖器是将电热体与陶瓷高温烧结、固定在一起制成的一种发热元件,能根据本体温度的高低调节电阻大小,从而将温度限定在设定值,不会过热,具有节能、安全、寿命长等特点。这种取暖器在工作时不发光,无明火、无氧耗,送风柔和,具有自动恒温功能。PTC 式陶瓷取暖器是陶瓷发热体式电取暖器中比较受欢迎的一种,可以随意调节温度,工作时无光耗,有自动开关装置,高效节能,省电安全。冬季北方居室内空气比较干燥,商家将卧室中供暖的 PTC 陶瓷类取暖器与加湿器的功能结合在一起,推出了加湿型取暖器。温暖的热风伴随着湿润的空气一起吹出,让人感到舒适,而且几乎没有任何的噪声。随着消费者需求的不断提高,市场上衍生出了新颖的产品——壁炉式取暖器。该类型取暖器模拟火焰,陶瓷供热,产生暖风。居室内使用的一些比较先进的产品具有红外线遥控、定时关机、跌倒自动断电和加温等功能。陶瓷发热体式电取暖器加热速度慢,但是存储热效果好,比较适合家里有老人和孩子的家庭使用。

该类产品的优点是外形较薄,有防护外罩,使用安全,机械性能强、耐腐蚀、抗磁场等。

缺点是不适合在环境较脏、灰尘较大的地方使用。

7.4.4　石英管式电取暖器（小太阳）

小朋友们,想要深入了解小太阳取暖器,就要从它的结构和工作原理入手,下面安博士带大家了解一下什么是小太阳取暖器,它是由哪些部件组成的,是如何工作的,具有哪些优缺点。

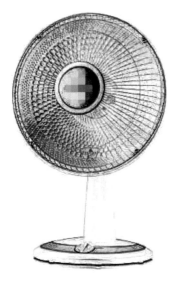

石英管式电取暖器（小太阳）

1. 小太阳取暖器的结构原理

小太阳取暖器又被称为反射式取暖器,由于其外形像太阳,而且跟太阳一样能产生热能,所以俗称"小太阳"。

石英管式电取暖器主要由密封式电热元件、抛物面或圆弧面反射板、防护条、功率调节开关等组成。以石英辐射管为电热元件,利用远红外线加热节能技术,使远红外辐射元件发出的远红外线被物体吸收,直接变为热能而达到取暖目的。一般取暖器装有 2~4 支石英管,利用功率开关使其部分或全部石英管投入工作。

它的发热体是电热丝,穿在石英管内,石英管起支撑、保护及发热作用。它利用远红外石英管加热,传热方式为辐射线,它穿透力强,发热定向好。外形小巧美观,热传递快,移动方便,价格便宜。但是它供热范围小,适用面积为 10 平方米左右的小房间,加热时产生光线,对视力有不好的影响。此外,由于电热丝易氧化,寿命较短。因辐射取暖,传热距离较近,电热丝较易变形,石英管易被打破。

2. 小太阳取暖器的工作原理

任何一种取暖器都存在辐射与对流两种传热作用,其中辐射的主要成分便是红外线。小太阳取暖器依靠卤素管或石英管发热产生热能,以及利用反射装置向空间特定方向发射主波段为 2.5~15 微米的红外线辐射实现传热。由于球面反射板面积较大,聚热能力强,能使有效面积内温度迅速升高。简单地说,小太阳取暖器主要是由能把热量集中起来的反射罩和产生热量的发热体组成的。其中小太阳的核心工作部件就是发热体,最早的一代小太阳取暖器采用卤素管发热,开机使用时亮度会很高,就像一盏灯一样,这样的产品将电能大部分转化成光能,热能比较低;发展到现在,最新的小太阳取暖器已经逐步演变成石英管,并且采用暗光处理,热量损失较小,热效较高。

如果取暖器以对流传热为主,可称之为"对流型取暖器";若以辐射传热为主,则可称之为"辐射型取暖器"。取暖器中的主要元件是发热元件,常用的发热元件有发热丝、电热管、红外石英管 PTC 发热元件、卤素管、电热膜等。总的来说,电热取暖器是通过电热丝通电后放出热量或红外线来取暖的,它是将输入的电能转换为人们御寒取暖的热能,它输出的能量和输入的能量是等同的。

常见的小太阳取暖器的辐射元件是表面涂有远红外辐射层的金属电热元件,通电后电热丝处于红热状态,发出波长为2.5~15 微米的远红外光,人体及衣物对这种远红外光的吸收能力较强,且吸收后能直接转变成热能,使人立刻感到暖意。由焦耳定律

$$Q=I^2Rt$$

可以看出,传导电流将电能转化为热能。取暖器也是将电能转化为热能的设备,小太阳取暖器是先将电能转化为内能和光能(主要是红外辐射的能量),然后光能再转化为热能。此种取暖器的加热电热丝做成螺旋状的,是为了增大辐射面积和减少散热以产生更多的热能。

辐射型取暖器通常都带有反射罩,反射罩是经过电解抛光和阳极氧化处理的抛物面反射铝板,具有一定的方向性,这是为了进一步提高取暖器的效率。根据能量守恒定律,热量反射效率越高,取暖器的效率也就越高。但热量经抛物面反射后需平行射出,以免受热物体因局部受热过大而引发事故。同时,它也可以把向周围散射的远红外线聚集起来,反射到人体上,以提高辐射取暖的效率。

刚才呢,安博士给小朋友们介绍了几类电取暖器,有的安全性较好,但是取暖性能与其他种类相比较差;有的热效率高加热快,但是容易烤燃周围的易燃物,所以正确地使用各类电取暖器,才能保证安全!

7.5 纺织物燃烧特性

在小太阳烤燃织物的试验中,我们应该能清楚地看到衣物在经过小太阳取暖器的烘烤后,逐步冒烟并起火。下面我们先来了解一下,纺织物的燃烧特性。

常用纺织物的纤维种类涉及棉、麻、毛、丝等天然纤维和聚酯(涤纶)、粘胶、聚丙烯(丙纶)及聚酰胺(锦纶)等化学纤维,其中以棉、聚酯和羊毛纤维的用量最大。在对织物燃烧特性研究中,通常用极限氧指数(LOI)区分纤维材料的燃烧性,极限氧指数检测法指的是织物在氧和氮的混合气体中维持燃烧所需的最小氧浓度,极限氧指数越高,表示产品具有更好的阻燃效果,否则阻燃效果变差或没有阻燃。一般认为:LOI ≤ 20 属于易燃纤维,20 < LOI < 26 属于可燃纤维;26 ≤ LOI ≤ 32 属于难燃纤维;LOI > 32 属于不燃纤维。几种常见纤维材料的燃烧性能参数见下表。可以看出,大部分常用纺织品材料的氧指数都远远低于 26,属于可燃或易燃材料,另外,这些常用纺织品的燃烧温度往往也较低,一旦接触火源,即会迅速燃烧,且火焰蔓延速度也很快,因此火灾危险性很大。

安博士相信细心的小朋友们应该已经发现了,前面介绍的几类电取暖器中,有几类工作温度已经远远超过了纺织物的燃烧温度,这也就解释了为什么用小太阳取暖器烘烤衣物时会引发火灾了。

几类纺织物的燃烧特性

纤维	极限氧指数(%)	燃烧温度(摄氏度)
棉	17~19	350
麻	17~19	350
羊毛	24~26	600
蚕丝	23~24	622
涤纶	20~22	480
粘胶	17~19	327
锦纶	20~22	450

续表

纤维	极限氧指数(%)	燃烧温度(摄氏度)
腈纶	17~18.5	331
丙纶	18~19	448
氯纶	37	650

7.6 温馨提示

（1）使用前认真检查小太阳取暖器的插头、电线和电线与机体的连接处，看是否有露电线或连接不牢固的地方，如果有以上情况，建议最好先不要使用，因为只要里面有电线露出就会有漏电的危险。

（2）注意开关的使用：在连接上电源后，建议先开最小挡，因为这个时候机体刚刚预热，如果一下子开到最大挡，对机体有损伤，而且过强的电流冲击也可能造成危险。不使用时，一定要关闭开关，先关闭机体开关，再拔掉电源。

（3）小太阳取暖器的电源必须使用合格的、带地线的三孔插座。小太阳取暖器功率较大，不宜与大功率的电器同时使用，注意电线不要贴近机体顶部，以免机体过热将电线烫坏，发生危险。

（4）小太阳取暖器在工作时，机体顶部温度比较高，上面不能覆盖物品，特别是衣服或棉被之类，一旦覆盖物品，小太阳取暖器机体的热量不能及时散发,会造成烧机和发生火灾的危险。

(5)小太阳取暖器应放在不易碰触的地方,远离可燃烧物品和易爆物品。

小朋友们,小太阳取暖器的火灾危险性你们都清楚了吗?一定要正确地使用它,避免发生危险!

参考文献

[1] 宋作荣. 常见电取暖器利弊大解析(上)[J]. 大众用电, 2017, 32(1) : 40.

[2] 陈敏毅, 李木森. 浅谈纺织纤维的燃烧特性及防火技术 [J]. 低碳世界, 2016(19) : 261-262.

 情景模拟视频请扫描下方二维码播放观看

第 8 章　充电宝变身"充电爆"

8.1　充电宝会变成"充电爆"吗

马丁、汐汐、博涵三位小朋友在安博士的带领下学习了好多日常生活中常用物品的火灾知识。这节课,安博士要带着小朋友们一起来看看充电宝。

小朋友们是不是经常可以看到爸爸、妈妈用一个方方正正的东西给手机充电呢?他们会不会用它一边充电一边玩手机、打电话呢?爸爸妈妈会不会把充电宝和钥匙等一些金属类的东西一起放在包里呢?你们是不是心里在嘀咕,充电宝到底是怎样充放电的呢,怎么会产生这么大的能量呢?充电宝安全吗?充电宝会爆炸吗?带着这些疑问,他们找到了消防百事通安博士,让安博士给小朋友们讲一讲充电宝使用不当的危害吧。

小朋友们，在日常生活中你们的爸爸妈妈亲戚朋友一定使用过充电宝吧，但是充电宝使用不当也会引起火灾哦。现在就让我带小朋友们认识一下充电宝的火灾危险吧。

　　随着手机、平板电脑等数码产品的智能化程度越来越高，尤其是大屏幕大尺寸设备的广泛使用，使设备的耗电量越来越大。然而产品的超薄设计需求，使得配备的锂离子电池体积十分有限，进而无法满足各类数码产品对电池容量的需求。例如，大部分智能大屏的手机在正常使用的情况下都很难维持一天的电量，给用户带来了极大的不便和"电量焦虑"。

　　在此背景下，移动式备用电源——充电宝应运而生。充电宝一经推出就在市场上迅速蹿红，市场销量呈现出爆炸式增长，成为越来越多的人外出的必备品。由于人们对充电宝的结构不了解和使用方法不当，在携带和使用充电宝的过程中，发生了不少的安全事故。

场景:

相信小朋友们家里一定也有充电宝,什么样的情况下它会发生危险呢?让我们先来看居家达人小楠和试验达人慕老师关于充电宝的一段场景吧。

小楠一边充电一边打电话

居家达人小楠一边打电话一边用充电宝给手机充电,通话时间足足有半个多小时。

慕老师制止小楠边充电边打电话的行为

试验达人慕老师此时出来制止,告诉小楠边用充电宝给手机充电边打电话是非常危险的。

小·楠:用充电宝给手机充电打电话有什么危险的,我一直都这么做的呀,而且我看好多人也都是这样用呀!

慕老师:这样操作是很危险的,如果使用的是劣质充电宝或者操作不当是极容易引起火灾或者爆炸的,如果不信,我带你去试验室测试一下看看吧。

慕老师:让我们来看看充电宝的结构组成。这是市面上常见的一款充电宝,拆解后我们可以清楚地看到,它主要由外壳、电路板以及电池芯组成。我们今天主要测试的是单个电池芯在 170 摄氏度的高温下会有什么现象发生。

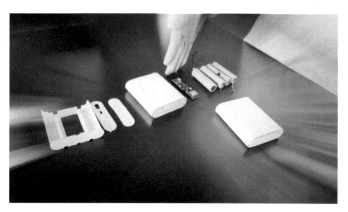

充电宝拆解图片

慕老师:可以看到,锂电池在 170 摄氏度的高温下受热短时间内便发生猛烈的燃烧,危险性很高。

145

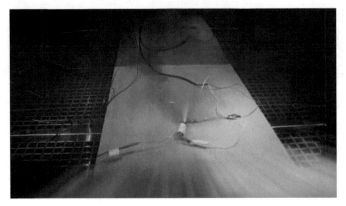

锂电池电池芯在高温下的反应

慕老师：通过刚才的试验我们可以看到，充电宝也具有一定的危险性，因此在日常使用中我们应尽量避免边充电边打电话。同时平常避免压、摔及震动充电宝。

看到没有，小朋友们，就是爸爸妈妈每天都在使用的充电宝也会有发生火灾的危险呢。现在就让安博士带你们去看看充电宝引发火灾的威力到底有多大吧！

8.2 那些充电宝引发的火灾

案例1：

央视财经《第一时间》报道，2014年5月8日上午11时33分左右，在深圳地铁4号龙华线的列车上坐满了乘客，在一节车厢里，突然一位乘客携带的移动电源（充电宝）发生了小型爆炸，事故造成龙华线全线中断近半个小时，300多名乘客被紧急疏散。虽然没有乘客因为爆炸而受伤,但是浓烟滚滚的场面,也造成了不小的恐慌。

事发现场的乘客回忆说:"当时根本就没有注意到发生了什么,很多乘客都已经摔倒了,我也摔倒了,还扭到了自己的脚踝,在慌乱中摔倒的人还有被踩到的。"

小朋友问:"地铁上为什么会爆炸起火呢？"

坐在事故发生点对面的乘客描述说:"我就坐在她的对面,她就撬了一下充电宝,一下子就着火了,火势着得很厉害。"

事故分析:爆炸起火的缘由是一位女乘客用钥匙撬了随身携带的充电宝,充电宝短路引发了起火爆炸。当充电宝的正负极被剪刀、钥匙、发卡等金属类物品连接后,就会有发生

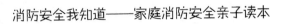

短路的可能,如果一些劣质的充电宝不具备电路过载保护的功能,会使充电宝电池芯的温度迅速升高,最终引发火灾和爆炸。

看到这里安博士温馨提示,当你的家人、朋友或者同学也像这位女乘客这样,用钥匙等金属物品玩耍充电宝,或者将充电宝和钥匙、剪刀、发卡等随意地放在包包里,很有可能引发火灾或者爆炸,一定要提醒身边的小伙伴不要这么做,避免可怕的后果。

案例 2:

当然了,安博士还有话要说,有时候我们外出旅行时也会把充电宝放在旅行箱里,作为备用电源使用。可是在机场和车站发生的充电宝冒烟、燃烧和爆炸的情况可是不少呢。下面我们来看看真实案例吧。

据《当代生活报》报道,2017 年 3 月 5 日,由桂林飞往曼谷的航班起飞后 30 分钟左右, 41 排 J 座一旅客衣服口袋里的充电宝开始冒烟,经查实冒烟时充电宝并没有被使用。据中国南方航空官方报道,2018 年 2 月 25 日,一架由广州飞往上海虹桥的航班,机型 B77W,在登机过程中,一名已登机旅客所携行李在行李架内冒烟并出现明火,事发时充电宝未在使用状态。

登机旅客所携行李在行李架内冒烟并出现明火

事故分析：充电宝在上述事件中都在未使用的状态下发生了冒烟和着火的现象。从火灾发生的原因来看，有可能是颠簸、碰撞、挤压和震动等引发了充电宝内部的电池芯短路，使充电宝温度逐渐升高，当达到一定温度时，引发热失控，导致电池芯内部发生剧烈的化学反应，从而发生火灾和爆炸。

说到这里，安博士温馨提示，当你的家人、朋友或者同学在外出旅行时，应携带符合规定要求的充电宝，切不可在飞行途中使用充电宝，尽量减少对充电宝的碰撞和挤压，发生火灾后第一时间与车上的乘务人员取得联系，切不可擅自进行处理。

案例 3：

小朋友们，有的时候爸爸妈妈是不是会在睡觉前把充电宝充上电，直到早上起床才会拔下来呢？这就是过充电，过充电主要是指电池电量在达到充满状态后，还继续充电。这样

的做法可能导致电池内压升高、电池变形、漏液等情况发生，电池的性能也会显著降低和损坏。

　　安博士带小朋友们看一个真实的火灾案例吧。

　　据《三峡日报》报道，2015年12月22日，一位长期租酒店居住的女子，在离开酒店房间时未断电，充电宝仍在充电，1小时后房间冒出浓烟起火，酒店工作人员发现火情后，利用灭火器和内部消防水源进行扑救，有效控制了火势蔓延，消防官兵赶到后将大火彻底扑灭，事故未造成人员伤亡，但酒店房间烧毁严重。

充电宝过充电引发火灾后的事故现场

　　事故分析：充电宝在上述的事件中是由于过充电引发的火灾事件。由于锂离子电池过充电时，电池电压随极化增大而迅速上升，会引起正极活性物质结构的不可逆变化及电解液的分解，产生大量气体，放出大量的热，使电池温度和内压急剧升高，从而使爆炸和燃烧的隐患瞬间提升。

说到这里，安博士温馨提示，在给充电宝或者手机充电时，最好采用专用的充电器。如果采用的不是专用充电器，或充电器失效造成电池严重过充电，将有可能造成电池起火、爆炸。由此可见，电池的充电控制非常重要，如果不加以重视，就会带来严重的安全问题。

8.3 充电宝火灾模拟试验

下面安博士带你们走进试验室看看充电宝在受热或挤压时会发生什么情况吧。

8.3.1 加热模拟试验

小朋友们，安博士在试验准备阶段选取了单节18650电

池芯,通过对电池芯外观和充放电性能的测试后,将电池芯放入高温试验箱内。

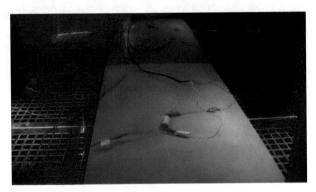

单节 18650 电池芯放入高温试验箱

通过试验我们可以发现,18650 锂电池芯在 170 摄氏度的高温下受热,传递到电池芯内部的热量使得电池芯内电解液的温度升高,在电池芯内部不断产生气体,最后气体将芯体结构破坏,产生了喷射式的火焰,燃烧十分剧烈,整个芯体烧得通红。

18650 锂电池芯在 170 摄氏度的高温下剧烈燃烧

小朋友们,你们看到了什么?

马丁:突然产生了像烟花一样的火苗!

汐汐:一下子就着火了,飞了出去!

博涵:你快看,整个电池芯都烧红了,火都烧起来了!

安博士:嗯,是呀,小朋友们,这种火灾试验还是具有一定危险性的,你们和家人可不要模仿哦!

8.3.2　挤压模拟试验

小朋友们,前面我们讲到充电宝是禁止放在行李箱里面托运的,因为把充电宝放置在狭小空间里,它受到挤压容易发生自燃或者爆炸,危及航班的安全。为了一探究竟,让我们通过模拟试验,来看看充电宝受到挤压的情况吧。

安博士在试验室的压力机上安装了一节锂电池芯,并通过装置固定牢固,试验过程中让压力机缓慢地向锂电池芯靠近。

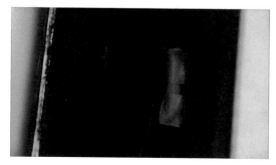

锂电池芯放在挤压试验台的状态

通过试验我们可以发现，锂电池芯在受到挤压的一瞬间就发生了猛烈的燃烧，随着挤压的持续最后还发生了爆炸。

锂电池芯被挤压时的反应

马丁：我的天哪，挤压的锂电池芯着火更厉害了！

汐汐：安博士，充电宝受到挤压的话还真是很危险呢！

博涵：以后可不能拿充电宝玩了，如果摔到地上还很容易引发火灾呢，以后我们可得小心了！

安博士：孩子们，看到了充电宝火灾的威力了吧，一旦火灾发生，要迅速逃生，不要贪恋自己的玩具和宝贝，丢下任何东西，迅速下车求救，拨打119！

8.4 充电宝的工作原理

孩子们，我再带你们了解一下充电宝的工作原理吧，只有懂得了充电宝的结构组成，才知道为什么它们会产生危险，我们如何才能避免这样的危险,不过有的内容不太好理解,你们可要跟着安博士认真学习哦!

充电宝主要是由外壳、电路板和电池芯组成的。外壳起到了保护内部元件的作用,电路板的功能是调整输入和输出的电流,防止设备损坏,而电池芯则执行储存电能的任务,通过内部的化学物质完成电能的储存和释放。

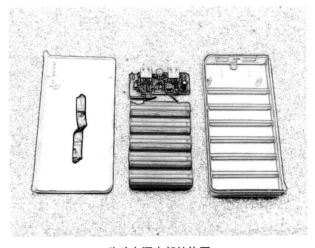

移动电源内部结构图

8.4.1 充电宝外壳

小朋友最熟悉的是充电宝的外壳,充电宝的外壳除了美观漂亮外,还需要有一定的特殊要求。其要求主要体现在力学强度和阻燃性能上。按照 GB 4943.1—2011《信息技术设备　安全　第 1 部分:通用要求》的要求,充电宝的塑料或金属外壳应该满足相应的可燃性试验要求。力学强度大才能在意外的碰撞、摔跌中坚强地保护内部的电路板与电池芯。阻燃性则体现在当充电宝内部发生自燃等事故时能够起到一定的阻燃作用，减少意外所带来的损伤。

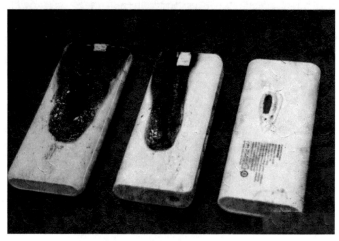

充电宝外壳

8.4.2 充电宝电池芯

电池芯作为移动电源的最核心零部件，由正极材料、负极材料、电解液和隔膜组成。现在的充电宝电池芯采用的都是锂离子电池，依照电解质材料可以分为液态锂离子电池（LIB）和聚合物锂离子电池（LIP）。二者所用的正负极材料是相同的，正极材料包括钴酸锂、镍钴锰和磷酸铁锂三种，负极为石墨，电池的工作原理也基本一致。它们的主要区别在于电解质的不同,其中液态锂离子电池使用的是液体电解质,聚合物锂离子电池则以固体聚合物电解质来代替。这种聚合物可以是"干态"的,也可以是"胶态"的,目前大部分采用聚合物胶体电解质。

市场上销售的充电宝中最常用的锂离子电池主要为18650 电池芯和聚合物电池芯。18650 电池芯是锂离子电池的鼻祖,其中 18 表示直径为 18 毫米,65 表示长度为 65 毫米,0 表示为圆柱形电池。常见的 18650 电池芯分为钴酸锂电池、磷酸铁锂电池。钴酸锂电池标称电压 3.7 伏,充电截止电压为 4.2 伏,磷酸铁锂电池标称电压为 3.2 伏,充电截止电压为 3.6 伏,单节容量通常为 1 200~3 350 毫安时,常见容量是 2 200~2 600 毫安时。

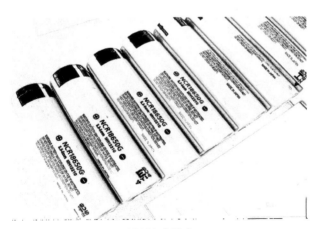

18650 电池芯

聚合物电池芯学名叫作镍钴锰电池芯,又称三元材料($LiNiCoMnO_2$),它以镍盐、钴盐、锰盐为原料,镍钴锰的比例可以根据实际需要调整。三元材料做正极的电池相对于钴酸锂电池安全性高,使用寿命较钴酸锂更高,达到了500次的使用循环寿命。主要优点是体积多样性,使用范围非常广泛,不易爆炸,安全系数高。主要缺点是价格较高,废弃后污染环境,大电流充放电性能较弱。

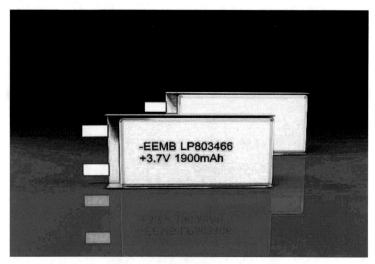

聚合物电池芯

如何区分两种电池芯呢?

小朋友们,其实很简单,根据移动电源外观就可以区分,由于18650电池芯是圆柱形的,并且是钢壳,所以厚度很大,而聚合物电池芯则可以是任意形状,可以做得很薄,我们可以用这样的一条规则去判断,扁平型的、个性的,一般都是聚合物电池芯,大块头的、很厚的基本上都是 18650 电池芯。

8.4.3　充电宝电路板

移动电源内置的锂电池电压不足以支持对手机、PSP、平板电脑等数码产品的直接充电,需要经过专门的电路转换电压以实现稳压、增压,然后才能满足对数码产品的充电支持,目前,一般移动电源最多的是支持 5 伏左右的电压输出,因为一般的电子产品都是 5 伏充电电压。

目前市面上绝大多数移动电源的电路板都是由输入充电控制电路、输出 DC/DC 转换电路、电池电量检测显示电路、充电指示电路以及电池保护和智能管理电路等组成。无论是 18650 电池芯还是锂聚合物电池,都有一个安全的充电截止电压和安全放电截止电压,以及标定的额定最大工作电流。而电路板的基本功能就是,为电池芯提供一个安全可靠的充电管理系统;在给手机充电(此时电池芯是放电状态)时,将电池芯提升到 5 伏的升压系统。主要起到的功能作用如下:

1.防止过度充放电

作为现阶段移动电源理想的储能电池,锂电池相对于其他电池优势很多,比如能量密度比较大,重量轻等。但也有缺点,其中最大的缺点就是容易过充或过放,如果一节锂电池电压放电放到 2.7 伏以下,那这个电池就属于过放了,同样地,充电的时候要是锂电池充到 4.2 伏以上就属于过充了。锂电池过度充电和放电,将对锂离子电池的正负极造成永久的损坏。从分子层面看,可以直观地理解,过度放电将导致负极碳过度释出锂离子而使得其片层结构出现塌陷,过度充电将把太多的锂离子硬塞进负极碳结构里去,而使得其中一些锂离子再也无法释放出来。所以,锂离子电池配备充放电的控制电路十分必要。

2. 电量检测显示

移动电源一般是给手机或 PSP 等数码产品当备用电源的,所以要能够清楚地了解自己所带的移动电源还剩多少电量,现在一般移动电源的电量指示都是通过对电压的采集来初步判断剩余电量的,随着锂电池的放电,电压会慢慢从最高的 4.2 伏(也就是满电)到电压最低的 2.7 伏(也就是没电),到 2.7 伏的时候保护电路会起作用把电流掐断。

3. 充电

一般锂电池都有专门的充电管理 IC(即集成电路是采用半导体制作工艺,在一块较小的单晶硅片上安装许多晶体管及电阻器、电容器等元器件,并按照多层布线或隧道布线的方法将元器件组合成完整的电子电路)来充电,先恒压再恒流最后涓流充电。但有些移动电源厂商为了节省成本,没用锂电池专门充电管理 IC 而是直接用保护板来实现这个功能,虽然用保护板可以做到不过充(因为充电到 4.2 伏的时候保护板也会起作用把电流切断),但对电池的寿命会有很大的影响,同时也不安全,因为一般锂电池充电管理 IC 里面不仅集成了充电保护功能还有温度监测元器件,如果温度过高就会采取保护措施,这样充电的时候相对来说对电池就会有双重保护作用。

4. 升压

因为移动电源要对 5 伏的数码产品充电,所以内置锂电池要通过一个升压电路经稳压后才能对手机、PSP、ipad 等产品进行充电。但升压的话会牵涉到一个效率问题,比如 5 000毫安时的锂电池经 70% 效率的升压,电池容量就相当于只有3 500 毫安时了,所以升压板效率越高越好,由于集成保护板等会降低升压效率,所以效率一般达到 85% 就已经很高了。

8.4.4　工作原理

无论是 18650 电池芯还是锂聚合物电池芯,都有一个安全充电截止电压和安全放电截止电压,以及标定的额定最大工作电流。而电路板的基本功能就是为电池芯提供一个安全可靠的充电管理系统;在给手机充电(此时电池芯是放电状态)时,将电池芯提升到 5 伏的升压系统。

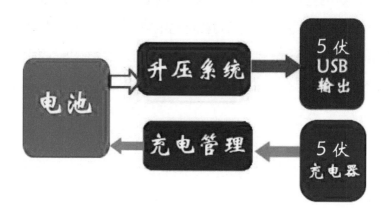

下面,我们就以某充电宝为例,了解一下移动电源基本的工作流程:

1. 当电池芯充电时

当你给移动电源充电时,输入充电控制电路就开始发挥功效了。它主要的工作就是根据电池电压的变化,对充电电流进行控制,也就是多段式的充电方案。比如:

当电池电压< 3 伏时,充电电路将进行涓流充电,也就是依照 100 毫安的电流对电池芯充电 (保护过度放电后的电池)。

当电池电压> 3 伏时,充电电路将切换到恒流充电,用 1 安 (移动电源最大的输入电流) 的大电流对电池芯充电。

当电池电压≈ 4.2 伏时,充电电路将改为恒压充电,直至

充电电流降到 100 毫安左右时停止充电。

2. 当电池芯放电时

锂电池的平均电压多在 3.7 伏左右,但类似手机、iPad 等移动设备的充电电压均以 5 伏作为标准。因此当移动电源与其他设备相连的一瞬间就会触发输出 DC/DC 转换电路启动,将电池芯在 3.0~4.2 伏浮动的电压转换成 5 伏给这些设备充电。

移动电源的输出电流越大,意味着兼容性和通用性越强。比如某些手机的额定充电电流为 1 安,但移动电源的输出电流最高只有 500 毫安,此时充电时间会延长一倍,如果某充电宝的输出电流可达 2.1 安,意味着它可以为 iPad 等平板电脑进行快速充电。需要注意的是,手机在充电时会自己控制输入的充电电流,比如手机的额定充电电流为 1 安,你用 2.1 安输出能力的充电宝给其充电,实际的充电电流也只有 1 安而已。

安博士:经过上面的介绍我们可以发现,充电宝是由"外壳＋电池芯＋电路板"组成的,所以日常选择和购买充电宝的时候,一定要重点关注它的材质、容量和价格,切不可贪便宜购买劣质充电宝。

小·朋友们:原来充电宝的充放电和安全保护系统这么复杂呢,比我们的玩具车精密多了!

安博士：你们这些小学霸，知道得还挺多，下面我们来看看充电宝在日常生活中的使用注意事项吧。

8.5 温馨提示

8.5.1 充电宝的旅行携带规定

根据现行有效国际民航组织《危险物品安全航空运输技术细则》和《中国民用航空危险品运输管理规定》，旅客携带充电宝乘机应遵守以下规定：

（1）充电宝必须是旅客个人自用携带。

（2）充电宝只能在手提行李中携带或随身携带，严禁在托运行李中携带。

（3）充电宝额定能量不超过 100 瓦时，无须航空公司批准；额定能量超过 100 瓦时但不超过 160 瓦时，经航空公司批准后方可携带，但每名旅客不得携带超过两个充电宝。

（4）严禁携带额定能量超过 160 瓦时的充电宝；严禁携带未标明额定能量同时也未能通过标注的其他参数计算得出额定能量的充电宝。

（5）不得在飞行过程中使用充电宝给电子设备充电。对于有启动开关的充电宝，在飞行过程中应始终关闭充电宝。

额定能量超过规定要求的不准带上飞机

注释:充电宝额定能量的判定方法

若充电宝上没有直接标注额定能量 Wh(瓦特小时),则充电宝额定能量可按照以下方式进行换算:

(1)如果已知充电宝的标称电压(V)和标称容量(Ah),可以通过计算得到额定能量的数值:

$$Wh=V \times Ah$$

标称电压和标称容量通常标记在充电宝上。

(2)如果充电宝上只标记有毫安(mAh)时,可将该数值除以 1 000 得到安培小时(Ah)。

例如:充电宝标称电压为 3.7 伏,标称容量为 760 毫安时,其额定能量为:

$760\text{mAh} \div 1\,000 = 0.76\text{Ah}$

$3.7\text{V} \times 0.76\text{Ah} = 2.81\text{Wh}$

8.5.2　充电宝的使用注意事项

（1）在选购充电宝的时候一定不要选用廉价而标称电容量较又大的充电宝，一定要选购产品铭牌、电气参数清楚完整的合格产品，尽量不要边充电边使用，充电完成后尽快拔下充电宝，避免挤压撞击充电宝，以免发生短路等情况。

（2）充电宝充电时尽量选用原配充电头，或用参数一致的充电头、充电线、适配器。

（3）充电宝的充电时间不宜过长，控制好充电时间，减少因控制电失效增加爆炸概率的可能性。

（4）不要用粗暴的方式对充电宝施压，平时注意不要重压、摔、强烈震动，以免引起短路，导致充电时出现短路引爆。

（5）充电宝要在通风、室温、干燥的情况下使用和存放，不要在过热、潮湿的环境中使用和存放。

（6）充电宝也怕"冷"。低于0度时，最好给它套上绒布袋防冻。因为塑料材质外壳的充电宝低温中韧度降低，受外力时易出现裂纹、断裂等现象，外壳发生碰撞也可能爆炸。

（7）使用充电宝的次数不宜太过频繁，容易减短其使用寿命，并且会加大危险概率。

（8）充电宝是不允许被托运的，行李在狭小货舱容易受到挤压碰撞,若充电宝与行李中的钥匙等金属物件接触,也会导致短路,引发自燃。

(9)如果发现身边有充电宝起火了,千万不要慌张,第一时间通知身边的大人们,小朋友们自己不要去靠近冒烟或者着火的充电宝。

(10)在处理充电宝火灾时,可以用水消除明火,并持续用水或其他不可燃液体对锂电池、含锂电池设备或相关行李进行淋洒冷却降温,防止锂电池复燃。

(11)禁止使用灭火毯等类似用品覆盖或包裹锂电池或含锂电池设备灭火,禁止移动或从行李中取出正在起火、冒烟的锂电池或含锂电池设备,禁止从含锂电池设备中取出正在起火、冒烟、发热的锂电池。

安博士：看到没有,小楠和小朋友们,就是爸爸妈妈每天都在使用的充电宝也会有发生火灾的危险呢。

充电宝使用不当的话脾气会很暴躁

马丁这时若有所思地说："安博士，真没想到一个小小的充电宝竟然也会有这么暴躁的脾气，一旦使用不当也会引发火灾，我们又学习到了好多关于充电宝的火灾安全知识。"汐汐则眨着眼睛，双手托着下巴说："安博士，我回去就告诉爸爸妈妈和爷爷奶奶们，以后再不能把充电宝一直插在插线板上充电了，搞不好什么时候就会过充起火的。"博涵敬佩地看着安博士说道："安博士，能不能把您的这些视频发给我，我给我们班里的同学也看看去。好让他们也告诉家人，让社会上越来越多的人去了解充电宝的安全隐患，提醒大家注意充电宝的使用安全。"

安博士笑着说："孩子们，你们真是太棒了，又学会了关于充电宝的这么多安全知识，还想着把这些信息传递给身边的人，安博士也希望你们做个力所能及的消防科普小使者，让更多的人知道如何防范和面对火灾。"

参考文献

[1] 中国国家标准化管理委员会. GB 4943.1—2011 信息技术设备　安全　第 1 部分：通用要求 [R]. 北京：中国标准出版社，2011.

[2] 张斌，陈克，张得胜. 锂离子电池火灾调查方法 [J]. 消防科学与技术，2018，37(10)：1449-1452.

[3] 吴涛. 国内移动电源（充电宝）质量抽查案例分析和相

关安全标准展望 [J]. 中国标准化, 2018 (14) :178-179.

[4]　贾明. 充电宝变"充电爆"你还敢用吗？[J]. 质量探索,
2014, 11 (9) :39.

 情景模拟视频请扫描下方二维码播放观看

第 9 章　电动自行车也疯狂

9.1　疯狂的电动自行车

在前面的章节中,马丁、汐汐、博涵三位小朋友在安博士的带领下学习了好多关于家庭常用物品火灾危险性的知识,也学会了怎样去做能减少这种火灾危险。这一章节,安博士带他们去学习一下更常见的电动自行车。电动自行车非常普遍,大街小巷都可以看到它们的身影,它们确实给人们的工作生活带来了很多便捷,可是你知道它们背后隐藏着的巨大危险吗?你知道电动自行车起火后有多疯狂吗?安博士告诉你们,每辆电动自行车一旦起火,如果是在楼道内的话,无异于一颗毒气弹,对于生命的威胁实在是太大了。不要惊呆,收起你们的下巴,这一章就让消防百事通安博士给小朋友们讲一下关于电动自行车的火灾危险性。

小朋友们,安博士上一章带你们认识了充电宝火灾,那么这一章我们就一起见识一下另一个隐形杀手——电动自行车有多疯狂。

　　首先给小朋友们普及几个数据,截至 2018 年,中国电动自行车社会保有量达 2.5 亿辆,电动三轮车社会保有量达 5000 万辆。如果我们按年发生火灾概率十万分之一计算,那么每年电动自行车火灾就有 2500 多起,这是很庞大的一个数字了,但是现实生活中,我们周围的家人和朋友们认识到它的火灾危险性了吗?我们先来看一个场景,看看小楠与祥子是怎么认识电动自行车火灾的。

场景：

　　小楠最近买了一辆电动自行车，它不但好看，还解决了她上下班不方便的问题。小楠每天回家后的第一件事就是把电动自行车放到单元房楼道里进行充电。今天小楠又准备在楼道里充电，被准备出门的祥子碰到了。

　　祥子：小楠，你怎么把电动自选车放在楼道里啦？

　　小楠：对呀，在楼道里充电方便，还不怕下雨，很方便呀（扬扬得意状）。

　　祥子：小楠，这你就不懂啦，你是自己使用方便了，电动自选车放在公共通道内，一旦发生自燃事故，将会造成严重后果，你给整个楼道的人都埋了一颗定时炸弹，这可全是血的教训啊！

小楠：有这么严重啊？

祥子：让安博士给你和小朋友们一块解读吧。

说到这里安博士就要插一句了，小朋友们如果发现你们的小区单元房内有人把电动自行车放到楼道里了，赶紧让爸爸妈妈去劝阻，或者告诉警察叔叔噢！这可是关系到我们生命安全的问题，你不信？那咱们就看看近两年发生的电动自行车火灾案例吧，看看电动自行车夺走了多少无辜的生命！

电动车禁止停放在楼梯口内
请在安全位置充电

楼道内一定不能停放电动自行车

9.2　那些电动自行车引发的火灾

安博士简单罗列了一下近几年影响力较大、伤亡较多的电动自行车火灾案例，不罗列不知道，当把这一串串数字放到一块的时候，有些刺眼，全是滴血的事实，刺痛着我们每个人的神经，这电动自行车一旦起火简直是嗜血狂魔一般吞噬着人们的生命。据东方网《9 起电动自行车火灾案例,敲响安全的警钟!》报道,近几年发生的较大伤亡的 9 起电动自行车火灾案例,其中大部分火场的物证都曾送至天津消防研究所火灾物证鉴定中心进行鉴定,这些案例都有一个共同特点:电动自行车电气故障引燃了周围可燃物。

案例 1:

北京市朝阳区十八里店一自建房电动自行车火灾事故致 5 死 9 伤。2017 年 12 月 13 日,北京市朝阳区十八里店白墙子村一村民私拉电线,通过接线板给电动自行车充电,因电源线短路引发火灾,造成 5 死 9 伤。

案例 2:

北京市朝阳区小红门乡一居民住宅电动自行车火灾事故致 3 人死亡。2016 年 1 月 21 日,北京市朝阳区小红门乡牌坊村一村民住宅,电动自行车在充电过程中,因充电电源线短路引发火灾,造成一家三口身亡。

案例 3:

北京市石景山区喜隆多购物中心电动车火灾事故致 2 人死亡。2013 年 10 月 11 日凌晨,北京市石景山区喜隆多购物中心一层麦当劳餐厅,电动自行车电池在充电过程中发生电气故障引发火灾,并蔓延至购物中心内部,过火面积 1500 平方米,在火灾扑救过程中,两名消防官兵壮烈牺牲。

北京市石景山区喜隆多购物中心

（图片来源于搜狐网）

案例 4：

北京市大兴区旧宫镇一楼房电动三轮车火灾事故致 18 死 24 伤。2011 年 4 月 25 日凌晨，北京市大兴区旧宫镇一四层楼房，因存放在一层室内的电动三轮车在充电过程中，发生电气故障引发火灾，最终造成 18 人死亡，24 人受伤。

案例 5：

浙江省台州市玉环市一群租房电动自行车火灾事故致 11 死 12 伤。2017 年 9 月 25 日，浙江省台州市玉环市一群租房因电动自行车电气线路短路引发火灾，造成 11 人死亡，12 人受伤。

案例 6:

浙江省台州市玉环县(今玉环市)一住宅楼电动自行车火灾事故致 8 人死亡。2015 年 1 月 14 日凌晨 4 时 30 分左右,浙江省台州市玉环县一住宅楼室外停车棚内电动自行车起火,造成 8 人死亡。

案例 7:

广东省深圳市宝安区一社区电动自行车火灾事故致 7 死 4 伤。2016 年 8 月 29 日,广东省深圳市宝安区沙井街道马鞍山社区发生一起电动自行车充电导致的火灾,造成 7 人死亡,4 人受伤。

案例 8:

陕西省西安市雁塔区一自建房电动自行车火灾事故致 4 死 13 伤。2018 年 1 月 23 日,陕西省西安市雁塔区王家村村民在自建民房内给电动自行车充电,因电气故障引发火灾,造成 4 人死亡,13 人受伤。

案例 9:

河南省郑州市中原区一自建房电动自行车火灾事故致 4 死 7 伤。2014 年 7 月 31 日,河南省郑州市中原区后河卢村卢彦仓自建房内,因停放的电动自行车发生电气短路引发火灾,造成 4 人死亡,7 人受伤。

来自网络配图

　　马丁看到这里觉得不可思议,叹息道:"这些火灾毁灭了多少幸福的家庭!"汐汐的眼神里流露出悲伤和同情,说道:"安博士,我们是不是可以避免或起码是减少这种不必要的伤亡呢？"博涵一直摇头,说:"安博士,以后我都不敢买电动自行车了。"

　　安博士说:"看到上面这些案例了吗？根据过往的案例来看,电动自行车火灾事故一般发生在晚上充电时。很多人都是在楼道里充电的,这个时间往往都是人们熟睡的时候,发现不了,即使人们发现了,往往也没有时间逃离。电动自行车放在楼道,直接把火灾逃生通道切断了。根据相关消防法律法规规定,禁止在疏散通道、安全出口、楼梯间停放电动车。

楼道内堆放的电动自行车

"电动自行车燃烧试验证明,一旦电动车燃烧起来,毒烟以每秒1米的速度快速向上蹿升,所以1楼电动自行车着火很快会导致整幢楼陷入毒烟密布的状态,极易造成人员伤亡甚至群死群伤火灾事故。我带你们去看看试验,就能知道这其中的原因了。"

9.3 电动自行车火灾模拟试验

安博士带着大家进入研究所的燃烧试验馆,先看一个电动自行车试验。安博士再次温馨提醒,"我们有专业的试验团队和防护设施,小朋友在家千万不要模仿啊,太危险了"。

找一辆老旧的电动自行车,先看看车上有何故障,我们还真发现了问题,由于长时间老化,电动自行车上的线路有破损、裸露的情况出现,在这种情况下,相邻之间的线路容易发

生短路故障,产生的高温很容易将周围的塑料等可燃物引燃。

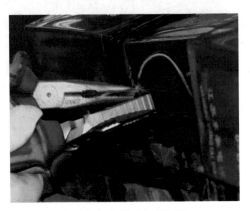

电动自行车线路短路瞬间

　　一辆电动自行车被点燃后,1 分钟左右,开始冒出刺鼻的浓烟,随后发生爆炸。消防员用红外测温仪器测量发现:1 分钟时,电动自行车起火达到了 604 摄氏度;3 分钟时,火焰温度已经蹿升至 1200 摄氏度。

准备的电动自行车

电动自行车开始燃烧

电动自行车引发火灾的特别危害表现在两点,即火场温度和毒烟。2017 年,义乌消防支队在一所废弃居民楼进行过一次电动自行车火灾试验。数据显示,30 秒,有毒气体覆盖整个房间,3 分钟,火场温高达上千摄氏度。消防员介绍,由于电动自行车部分材料属于易燃可燃化学制品,因此其起火后,会伴有大量浓烟,如果是封闭的室内,30 秒左右有毒气体就能覆盖整个空间。下面安博士再带着大家看一个试验。

义务支队开展的电动车试验场景

电动自行车起火后产生的大量烟气

在试验现场,模拟一座 4 层高的院房内两辆电动自行车停放在室外靠近疏散通道处进行充电,电瓶短路引发火灾。不到 1 分钟明火开始燃烧,一旁消防队员用测温仪探测发现,现场火焰中心温度就达到 150 摄氏度,而离火焰中心 1 米处烟气温度约为 56 摄氏度。

5 分钟左右,塑料材质为主的电动自行车就已遍布火苗,并产生大量浓烟,顺楼道迅速往上蹿升。此时火焰中心温度已达到 436 摄氏度,离火焰中心 1 米处烟气温度达到 180 摄氏度。

7 分 15 秒,滚滚黑烟充斥了整个楼道,原本完好的电动车已被大火烧得露出了骨架。此时火焰中心温度已达到 644 摄氏度,离火焰中心 1 米处烟气温度达到 271 摄氏度。

12 分钟后, 4 层楼道全部被浓烟充满,可见度迅速下降。火焰中心温度竟达到 864 摄氏度,离火焰中心 1 米处烟气温度达到 435 摄氏度,第 4 层烟气温度为 56 摄氏度。而人体在火场中的耐热极限温度是 60 摄氏度, 如不采取合理的逃生方式, 高温毒烟比明火更加致命。

电动自行车除了骨架以外, 其余部件为塑料、橡胶和聚氨酯材料, 燃烧过程中会产生大量硫化氢、一氧化碳等有毒气体。人吸入这些有毒气体后, 会产生头痛、恶心、昏睡、胸闷等症状, 然后神志不清, 行动不便, 最终窒息死亡。此外, 正常火灾事故实际火焰温度要比模拟试验更高, 且电动自行车着火极易引燃楼道内堆放的杂物及电表箱等导致二次起火。

在试验现场, 通过有毒气体检测仪现场监测, 起火 20 秒后, 室内空气中出现硫化氢 (剧毒)。30 秒后, 一氧化碳、二氧化碳报警, 均超过人体呼吸承受的极限。

短路产生火花后　火焰温度为 130 摄氏度

30秒后　火焰温度升到 310 摄氏度, 此时室温达到 120 摄氏度

2分钟后　火焰温度升到 680 摄氏度, 电动自行车其他塑料被引燃, 室温达到 180-220 摄氏度

3分30秒　整个电动自行车已经被火焰包裹, 温度达到 1200 摄氏度, 房间内的温度也超过 660 摄氏度

电动自行车燃烧后的火灾危险性

在试验现场,硫化氢最高浓度为 240ppm(浓度单位)(超过 100ppm 将会使人慢性中毒),很容易使人出现头痛、晕眩、兴奋、恶心、口干、昏睡、眼睛剧痛、连续咳嗽、胸闷及皮肤过敏等中毒症状。长时间在低浓度硫化氢条件下工作,也可能造成人员窒息死亡。当人受硫化氢伤害时,往往神态不清、肌肉痉挛、僵硬,随之重重地摔倒、碰伤和摔死。而一氧化碳等气体同样会在短时间内达到致命浓度,火焰看着很凶,最可怕的原来是这些有毒烟气啊。

三位小朋友同时感到了恐惧。原来这常见的电动自行车有这么大的破坏威力,回去赶紧告诉家人,电动自行车不要乱停乱放,充电更要谨慎。电动自行车虽然方便,但是使用有风险。

9.4　电动自行车起火原因介绍

首先让安博士带领小朋友们认识一下电动自行车。

电动自行车是以蓄电池作为辅助能源,具有两个车轮,能实现人力骑行,具有电动或电助动功能的特种自行车,属于自行车的延伸产品,它在自行车的基础上增加设置了电机、蓄电池、控制器和调速转把等装置。

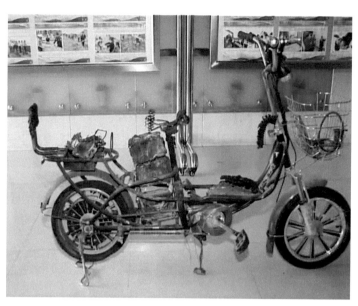

局部烧损的电动自行车

按驱动力方式来划分,电动自行车可分为电动型电动自行车和助力型电动自行车。电动型电动自行车的特点是可以用脚踏、电动或者两者结合这三种方式驱动,骑行者可根据道路的实际情况和自身的体力状态分别选择,如遇爬坡和顶风可以用脚踏动曲柄助力以保证车速。

助力型电动自行车的特点是驱动电动机只起助力作用,以驾车人脚踏为主,电动机助力为辅。这种车型一般设有速度和力传感器,传感器可以将自检信息传送给控制中心,综合车速和驾车人的用力情况控制电流的输出,电流的大小控制电动自行车的驱动力大小,控制器输出电流的大小可以根据脚踏力大小和车速大小预先设定。

电动自行车结构分为车体承载部件、电气部件、传动部件、行驶操纵安全部件和车辆附件五个部分。

车体承载部件包括车架、前叉、车轮和衣架。

电气部件包括电池、电机、控制器、充电器、仪表、转刹把。

传动部件包括脚蹬、链轮曲柄、中轴链条、飞轮和电机驱动轮。

行驶操纵安全部件包括车把、车闸、车灯和转向指示灯等。

车辆附件包括尾箱和篓筐等。

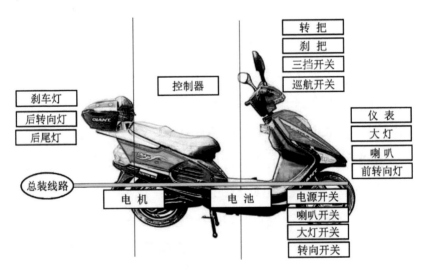

电动自行车构造图

整机工作原理:在我们准备骑电动自行车行驶之前,用钥匙打开电源锁,控制器得电进入待机状态;当我们旋动调速转把时,调速信号通过输出引线送往控制器中,控制器根据接收到的信号强弱做出相应的反应,输出驱动和控制电机旋转的信号;电机旋转并带动后轮转动,电动自行启动上路。在行驶过程中,按下闸把时,闸把将刹车信号通过信号线送入控制器中,控制器收到刹车信号立即发出断开电机电源指令,同时电动自行车后轮做出抱闸动作,实现机械制动刹车。

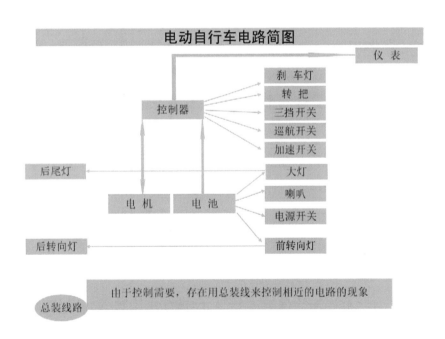

电动自行车电路图

这是电动自行车的工作原理,小朋友们简单了解一下,电动自行车以蓄电池供电作为原始的动力来源,然后靠中间的控制器实现对信号的读取和发送,来驱动电机实现前进,或是操作制动系统让它停车,就这么简单。

电动自行车还有很多变异的兄弟姐妹。

安博士还是那句话:"有电路的地方就有短路,有短路的地方就有火灾隐患。"看看电动自行车为什么会起火吧,简单总结有以下原因:

(1)电气线路选型不合理,质量不可靠,敷设不规范。部分厂家擅自降低质量标准,选用的电线线径小、质量差,敷设未按照规定进行捆扎固定,插接件质量低劣,插接件未做防水防尘处理,线路受震动摩擦易破损发生短路,负荷较大时线路过负荷发热或线路连接处接触电阻增大发热都会引起火灾。

(2)电气保护装置安装不规范。在生产环节,一些厂家未在主回路上安装空气开关,未在分支回路中安装保险装置,或安装的电气保护装置不符合要求;在使用环节,由于安装的空气开关会出现起跳现象,或是保险丝熔断后更换不便,用户为图方便,擅自拆卸电气保护装置。

(3)防盗器未设保护,用户私自增加用电负荷。电动自行车防盗器的电源线不受电源开关控制,也未安装保护装置,容易引发火灾;用户私自加装音响等用电设施,增大用电负荷,

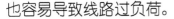

也容易导致线路过负荷。

（4）蓄电池和充电器故障。电动自行车充电器缺乏过充电、过电流保护装置，蓄电池充满之后不能转入涓流充电模式，而是继续保持大电流充电，导致蓄电池高温，极板腐蚀，容易引起电池漏液或发热。如果选用的电池为锂电池，那么长期的颠簸或是震动会使电池模块内部出现短路、热失控等，从而引发电池爆炸起火的现象。

（5）用户使用不规范。在充电时随意拉接充电线，电线绝缘层磨损、打折、挤压进一步加大了发生短路故障的火灾危险性。在充电插线板和电线选型上如果不匹配也会出现过负荷、发热等现象。如果充电器使用过程中不注意保养维护，并将其长期搁置到车上颠簸震动，就会破坏其原有的结构。对于以锂电池为动力源的电动自行车，用户往往不注意保护电池组，长期震动、碰撞或是置于高温等恶劣环境中，容易使电池单体发生热失控，从而引发火灾。

（6）存放场所充电线路故障。电动自行车存车棚内一般缺乏预设的充电设施，车主私拉乱扯充电线路的现象较为普遍。多辆电动自行车同时长时间充电时，如果充电线路选用导线线径过小、未安装短路和过载保护装置，容易造成充电线路过载、发热或短路，从而引起火灾。

（7）零部件采用易燃可燃材料制造。电动自行车上采用

非金属材料制成的零部件如果阻燃性能较差,在封闭空间内燃烧时释放的有毒烟气可致人中毒死亡,这也是电动自行车火灾事故致人死亡现象较为突出的原因。

烧损后的电动自行车车棚

9.5 温馨提示

（1）小朋友应告知家长们选购使用已获生产许可证的厂家生产的质量合格的电动自行车、充电器和电池,不得违规改装电动自行车及其配件。

（2）电动自行车应停放在安全地点,不得停放在楼梯间、疏散通道、安全出口处,不得占用消防车通道。

（3）为电动自行车充电的线路插座,应由取得资格的电工安装,并固定敷设,不得私拉乱接电线。

违规私拉乱接充电的电动车

(4)应按照使用说明书的规定进行充电,不得长时间充电,尽量避免通宵充电,据统计,70%的电动自行车火灾发生在晚上8点至第二天凌晨5点时间段。

(5)充电时应尽量在室外进行,保证周围通风,利于散热,充电器上不要覆盖织物、衣服等物品,周围不得有易燃物,充电时应选择合适的线径,固定充电的插头和插座,不要随意连接充电线,使充电插座接地,加装短路和漏电保护装置;

(6)住宅区物业服务企业和管理单位负责共用区域电动自行车停放、充电管理,开展消防安全巡查检查和消防安全知识宣传;

(7)有条件的,可设置固定集中的电动自行车充电点,或

设置带安全保护装置的充电设施,供居民使用。

(8)一旦电动自行车遇到故障,一定要到专业的电动自行车售后维修点进行维修,不得随意拆卸、改动电路和控制装置,更不能私自加装防盗器和音响,平时行驶时充电器尽量不要放到车上,因为行驶过程中不必要的颠簸会改变线路的初始结构,增加短路的火灾危险性。

(9)对于锂电池电动自行车,使用过程中注意尽量不要挤压、碰触锂电池,要远离炙热的物体。

(10)如第一时间发现电动自行车起火,千万不要惊慌,迅速寻找灭火器直接扑灭。如火势较大,浓烟堵塞通道,居民需尽快回到屋内,关好门,并用毛巾等堵住门缝,防止烟气进入;逃生时如有防毒面具最好佩戴,尽量减少有毒烟气的吸入。

(11)小朋友们还应自觉遵守消防法律法规,若发现违反消防法律法规的行为,可以通过拨打报警电话进行举报投诉。

马丁这时若有所思地说:"安博士,这节课实在是太生动了,我们又学习到了好多关于电动自行车火灾的知识,回去先告诉爸爸妈妈和爷爷奶奶们,怎么样才能去最好地预防这种火灾的发生。"汐汐则眨着眼睛,双手托着下巴,说:"安博士,我第一件要做的事就是把我们单元楼里一楼放置的电动自行车全部清理出去,然后再跟爸爸妈妈一块写好宣传标语,贴到楼道里,让大家都认识到电动自行车火灾危险性。"博涵先竖了一下大拇指，一边画一辆电动自行车，一边说："安博士，你知道得太多了，我长大了也要像你一样教给大家这么多的消防安全知识。现在我能做的就是把电动自行车的火灾危险性记住，告诉班里的同学们，让他们也告诉家人，让社会上越来越多的人去了解电动自行车的火灾危险性，不要再让那么多无辜的人因此而丧命了。"

安博士微笑地点点头，带着鼓励和肯定，说："小朋友们，你们学会了那么多，责任也就大了很多，一定要当好你们的消防安全宣传大使"下节课将为你们讲解关于汽车的火灾危险性。"

参考文献

[1]　张万民, 韩建平, 原小永. 电动车火灾成因分析及预防对策 [J]. 消防科学与技术, 2011, 30 (9) :870-872.

[2]　崔永合, 陈克, 张加伍. 浅析电动自行车火灾现场勘验技术 [J]. 消防科学与技术, 2011, 30 (2) :177－179

 情景模拟视频请扫描下方二维码播放观看

第10章　汽车火灾总动员

10.1　汽车火灾就在身边

前面我们讲述了各类家庭常见的火灾隐患,下面让安博士带大家去看看汽车的火灾危险性。马丁、汐汐、博涵三位小朋友有好多小汽车,都是他们的好朋友,包括小卡车、小轿车、警车,当然还有消防车。他们有一个共同的疑问,现实生活中爸爸妈妈每天接送他们的大汽车有没有火灾隐患呢?带着这些疑问,他们找到了消防百事通安博士,让安博士给他们讲一下关于汽车的火灾危险性吧。

小朋友们,大家平时都喜欢玩具汽车,每天也会坐汽车来上学。现在就让我带小朋友们认识一下汽车火灾,看一下汽车火灾总动员!

　　汽车已经越来越普及,相信小朋友们的家里都有一台大汽车,那么就是这个大块头,它有哪些火灾危险性呢?我们先来看一个场景,看看文琦与祥子是怎么认识到汽车火灾的。

　　场景:

　　文琦在楼下洗车遇到熟人祥子,炫耀自己新装的车载电气设备(氙气大灯、倒车影像、倒车雷达等)。学习汽车专业的祥子便与文琦探讨起了汽车加装电气设备短路起火的风险。小朋友们,看看文琦的大汽车怎么样?

　　祥子:琦哥你在洗车啊。

文琦：对啊，刚给爱车加装了好多电气设备，功能强大，花钱少，非常值。

祥子：琦哥，汽车加装是有短路风险的，短路会引发汽车火灾。

文琦：还有这回事儿？

祥子：最近发生的一起汽车火灾便是因为加装线路短路引发的。

文琦：啊？原来改装汽车线路这么危险啊！

看到没有，小朋友们，就是每天接送你们往返校园的大块头，还有火灾危险性呢。你们是不是心里在嘀咕，真的有这么危险吗？来，安博士带你们看几个真实案例！

全是身边的事故,血淋淋的教训!小朋友们要重视了!

10.2 那些汽车引发的火灾

案例 1:

2016 年 7 月 22 日 23 时 5 分左右,在陕西省渭南市临渭区澄城县工业园区三岔口,一辆停放的汽车发生火灾,在起火部位提取了 GPS 天线的电气线路、倒车影像的电气线路,上面有熔断、缺失痕迹。在驾驶室内保险盒处发现了大量的线束改装痕迹,部分改装还在保险盒内取电,经检查,保险盒内 CD 机的 10A 和 15A 保险、空调控制板保险、BCM(车身控制模块)电源保险以及改装线束的保险均有熔断,倒车影像电源线也有明显的改装痕迹,且电气线路材质为铜包铁,打个比方,就是相当于在车内敷设了一根长长的电加热丝,当线路处于一个相对密封的狭小空间内时,热量不容易及时散走,便容易因

温度过高引燃周围的可燃物,此起汽车火灾最终认定为加装线路发生电气故障引发火灾。

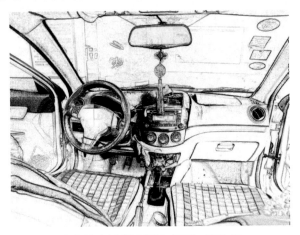

汽车仪表板附近烧损,呈现一凹坑状

当然,安博士还有话要说,不是说加装的车辆都会起火,没有加装的汽车就不会起火。

没有加装的汽车,在生产、装配过程中可能由于工艺、失误问题存在线路先天性疾病,这就为以后的故障埋下了隐患。安博士再带你们看看,这种先天性缺陷导致的汽车火灾吧。

案例 2:

2016 年 8 月 11 日 16 时 20 分左右,河南省驻马店市一辆越野汽车在行驶当中发生火灾。经调查,火灾的原因为发动机舱左侧中部 ECU(发动机控制模块)下面的铜导线发生短路故障引燃周围可燃物起火,发生短路故障的线束在短路部位存在明显的弯折。

被烧损的越野汽车

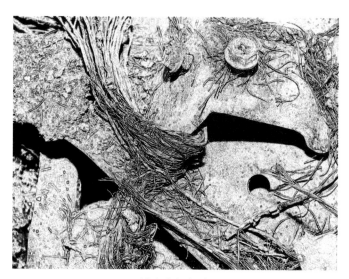

线束弯折部分

看到了没有,其实很简单,就是本该平顺的线路,由于装配工人的粗心导致了线路打折,从而形成了后期的隐患。所以,安博士也提醒小朋友们平时养成细心的习惯,做完作业要仔细检查,争取零失误。现在再看看一个类似案例。

案例 3:

2017 年 1 月 16 日 10 时 46 分许,重庆市巴南公安消防支队接到报警,行驶在巴南区南彭往忠兴方向龙井隧道旁的某款汽车发生火灾,车辆前部过火烧毁。经过现场勘验,最终认定为汽车发动机舱内左前电气线路故障引燃周围可燃物起火。在对比同款车型时,发现线路敷设存在锐角弯折、与周围铁质支架接触干涉、与螺栓直接接触摩擦破损等现象。

重庆巴南过火烧损的汽车

线路绝缘层被螺钉挤压的破损区域

这个也很好理解,就是绝缘导线本来外面包裹着一层衣服,保护着里面的线束能够安全工作。可是不知道哪位工作师傅粗心,将铜导线的衣服给蹭破了,那么铜导线暴露出来跟一旁的螺栓接触在一起就危险了,它们碰到一块就会发生剧烈的短路现象,释放出大量的热量和火花。有多厉害呢?安博士继续带你们走进我的试验室。

案例 4:

2017 年 3 月 6 日下午 3 时 40 分左右,在莱芜市钢城区泳兴路东侧,一辆轿车突然着起火来,车中一名 2 岁的女童不幸被烧死。在调查询问过程中,车主称车辆购买使用一个月后发现导航出现故障,曾经去过 4S 店维修,听收音机的时候左边喇叭不太响,右边正常。行车记录仪行驶时偶尔不录像,像卡住一样。倒车影像在倒车时十回得有三回不显示,特别是在冬天。第二次保养车的时候车主找 4S 店问过,没给修。还有转向灯有时候很正常,大约 1 秒有个声音,有时候不太正常,五六秒才响一次。

消防部门最终认定为车辆驾驶室内后排座椅右侧附近电气线路(包括加装部分)发生电气故障引燃周围可燃物起火。

看到这里,安博士再次温馨提示,当你们家的大汽车也出现上面类似故障的时候,一定要提醒爸爸妈妈去及时检修,避免造成可怕的后果。

本来是跟你们一样可爱的小朋友,就这样活生生地被烧死在汽车内,多么惨痛的教训啊!都怪安博士没有及早告诉那位小朋友和家长应该怎么样防范汽车火灾。

莱芜市起火车辆起火瞬间

那我们再看一起比较典型的加装线路引发的汽车火灾

吧。在看之前先给小朋友们普及一下加装知识。所谓加装，就是人们为了让自己的车辆更炫酷、拥有更多的功能，给这个大块头更改了原有的线路结构和车辆结构，让大块头打上了改装的烙印。

10.3　汽车火灾模拟试验

上面一个个使人后怕的案例，让小朋友们感到震撼了吧，此刻你肯定在想："我身边那么多车辆，真的有那么可怕吗？"到底电气线路故障会不会引发火灾呢？安博士的试验可以解答你们心中所有的疑惑。

安博士与他的科研团队在燃烧试验馆内进行汽车电气线路短路起火试验，将起动机电源线绝缘层破坏，模拟电源线与金属支架发生接地短路情况。电源线与支架接触时，产生剧烈的放电火花。支架和电源线均发生局部熔化。电热能量将导线绝缘层引燃，进而引燃周围的可燃物，致使发动机舱内起火，从而蔓延到整车。

小朋友们，你们看到了什么？

马丁：四溅的火星，噼里啪啦的打火的声音！

汐汐：那是在放电，还有大量的烟气呢！

博涵：你快看，整个线束都烧起来了，火起来啦！快灭火！

安博士：别担心，小朋友们，这是我们的常规试验，都是可

控的,你们和家人可不要轻易模仿哦,在试验室外还是很危险的。

汽车线路短路故障瞬间

汽车蓄电池附近短路起火瞬间

汽车机舱内右前区域起火

　　上面的试验是我们模仿大电流的供电线路绝缘层破损后短路引发的火灾，其实汽车中有很多比较细的线路，别看它细小，可是当线束过热后线束绝缘层也会缓慢分解，在密封的空间内烟气和热量不断积聚，到达一定程度便会起火燃烧。

　　为了科学试验，这辆大汽车就只能献身了，它告诉了我们线路短路故障是多么可怕，一旦出现短路故障，大块头就整个烧起来了。

　　其实不单单是线束短路可以引发火灾，连平常我们汽车上常见的保险盒或是 BCM 等控制模块也会起火，下面安博士再带你们来进行另外一个试验。

　　启动车辆，打开车辆常用用电设备，将盐水倒入发动机舱内保险盒内。倒入盐水后，保险盒内向外持续冒烟。20 分钟

后,保险盒内起明火,并伴有轰燃现象,形成持续燃烧,引燃整车。

保险盒倒入水后冒出大量烟气

保险盒倒入水后起火瞬间

汽车保险盒倒水起火后火势蔓延扩大

马丁：我的天哪，这也能起火！

汐汐：安博士，火一旦起来，烧得好迅速啊！

博涵：原来倒点盐水都能起火，以后我们可得小心了，不能随便向汽车的这些小盒子里倒水啦！

安博士：孩子们，看到了汽车火灾的威力了吧，一旦火灾发生，要迅速逃生，不要贪恋自己的玩具和宝贝，丢下所有东西，迅速下车求救，拨打119！

孩子们，我再带你们认识一下汽车的电气系统，知己知彼，才能百战不殆啊！可能有些理解困难，可以回去告诉爸爸妈妈们，让他们好好学习一下！

10.4　汽车电气系统发生火灾原理

这一条条电气线路，如同连接着每个器官的血管，给这些部件源源不断地输送能量。下面就让我带你们仔细地研究一下这些汽车中的"血管"有哪些可怕之处。

电气线路用于各控制装置及传导装置，车辆使用导线的总长已经比 20 年前增加了 10 倍，在发动机舱及仪表板内布有很多线束。这些线束直接贯穿于整个车身，并采用各种夹具固定，然后塞到较为狭窄的空间内，因此经常受到发动机传导的热量、震动以及行车时震动的影响，虽然用缓冲材料或保护罩保护，但是绝缘层还是很容易损坏。绝缘层损坏后，很容易形成短路，甚至由此燃烧起火。为此，各线路都配有保险装置，尤其在关键部位采用了低压耐热聚氯乙烯电线。

但是，保险装置对预防火灾的有效性还只是停留在试验室阶段，有时线路断断续续地冒出火花，保险丝却不熔断。渗入螺纹管和聚氯乙烯绝缘带周围的油污，或者黏附上铺装路面的沥青油，很容易成为扩大火势的诱因。即使是属于可离火自熄的阻燃性线路，只要与其他材质的线束捆绑在一起，其阻燃性也就不起作用了。

火花引燃绝缘层，然后持续燃烧，再蔓延到各种合成树脂部件，继而蔓延到燃油管，使得燃烧的范围不断扩大，一场火灾就这样发生了。

众多案例表明，在导线短路引起的火灾中，有较多是改装或加装电气线路造成的。这主要是因为这些线路没有经过保险装置而直接连接蓄电池。由于属于私自安装，比较杂乱，受到震动时也很容易受到损伤。

与电气线路相关的火灾中，也有因各种部件的连接不当而引起火灾的案例。例如，当插接件松动造成接触电阻增大时，绝缘层等可燃材料就会因局部过热而起火。

在电机类火灾中，当属起动机引发火灾的数量最多。如果点火钥匙不能完全回位，而起动机在齿轮凸出与飞轮接触的状态下持续运行，就会使得电动机变成发电机，内部过热而引发火灾。另外在电机轴承锁止时，电机线圈也会产生过电流，从而产生高热导致起火。

用于车内换气的风扇，其调速电机也可能引起火灾。风道内混入异物，会导致调速电机卡滞堵转，电机持续发热就会起火。

作为普遍现象，如开关、继电器等部件的漏电，各类电路板的质量问题，电容器绝缘层老化以及易燃物接触到各类灯具等都能造成火灾。

电气与电子设备是汽车的重要组成部分，其性能优势直接影响汽车的动力性、安全性及舒适性。现代汽车的电子化程度越来越高，电器与电子设备数量很多，按其用途可大致分为以下八个系统：

①电源系统——由蓄电池、发电机和调节器等组成。

②启动系统——由启动机、启动继电器和启动开关等组成。

③点火系统——主要有点火线圈、分电器总成、火花塞等。

④照明系统——车内外照明设备。

⑤信号系统——包括电喇叭、蜂鸣器等声音信号和灯光信号两类。

⑥信息显示系统——包括润滑油压力表、冷却液温度表、燃油表、车速里程表、发动机转速表等仪表。报警装置及电子显示装置用来监测汽车各个系统的工况,比仪表更方便、直观,显示的信息量也更大。

⑦电子控制系统——包括电控燃油喷射装置、电控点火装置、防抱死制动系统、自动变速器、电控悬架系统及自动巡航控制系统等。采用电控系统可提高汽车的动力性、经济性、安全性以及达到净化排气的目的,也可以使得汽车电气系统的功能更加丰富。

⑧辅助电气系统——包括电动刮水器、风窗洗涤器、风窗加热器、汽车空调、汽车音响、安全气囊、中控门锁系统、电动车窗、电动天窗、电动后视镜、电动座椅、电动后遮阳帘、电动杂物箱、玻璃升降器、中控门锁和防盗装置等。

1—雾灯;2—转向灯;3—组合前照灯;4—散热器风扇;5—双音喇叭;6—空调压缩机;7—交流发电机;8—空调储液干燥器;9—蓄电池;10—ABS 控制单元与液压单元总成;11—启动机;12—带输出驱动级的双火花点火线圈组件;13—风窗清洗液电动泵;14—冷却液液面传感器;15—发动机控制单元;16—空调、暖风和鼓风机;17—制动液液面传感器;18—风窗刮水器电机;19—暖风与空调控制器;20—车门摇窗机控制开关组;21—中央接线盒;22—自动升降天线;23—扬声器;24—组合仪表;25—收放机;26—内顶灯;27—阅读灯;28—车轮转速传感器;29—前摇窗机电机;30—外后视镜电动调节开关;31—中控门锁控制器;32—车门接触开关;33—后摇窗机电机;34—摇窗机开关;35—燃油泵;36—燃油箱油面传感器;37—后门中控门锁电机;38—组合后灯;39—后风窗电加热器;40—防盗器控制单元

　　汽车电气系统与建筑物电气系统不同,具有以下特点:

　　①两个电源——汽车具有蓄电池和发电机两个电源。蓄电池主要供启动用电,发电机主要是在汽车正常运行时向用电器供电,同时向蓄电池充电。通常,从蓄电池至启动机和从蓄电池至发电机的导线,是汽车电路中规格最大的导线,这些线路没有过流保护装置。

②低压直流——汽车常用电压为 12 伏和 24 伏,由于蓄电池充放电的电流为直流电,所以汽车用电均采用直流电。

③并联单线——汽车的用电设备有很多,它们都是并联的。汽车发动机、底盘等金属机体为各个用电设备的公共并联支路,而另一条是用电设备到电源的一条导线,故称为并联单线制。导线的规格决定其耗电量,导线越长,耗电越多。

④负极搭铁——汽车电气系统采用单线制时必须统一,电源为负极搭铁。断开任意一个蓄电池接线柱的连接,汽车电路就不能通电工作。

在火灾调查中发现,汽车的线路上经常出现电弧熔化痕迹。短路、过载过流、过热、接触不良等是电气线路、接插件、电气设备引起火灾的主要故障形式。

安博士:电气系统还是比较复杂的,所以在日常使用维护中更得注意,不要私自加装、改装。

汐汐:原来这个大块头有这么复杂的电路系统啊!

马丁:这可比我们的玩具车精密多了!

博涵:安博士,现在电动汽车不是越来越普及了嘛,你再给我们讲讲电动汽车的火灾危险性吧!

安博士:你们这些小学霸,知道得还挺多,那安博士就多给你们讲一段吧,家里有电动汽车的小朋友们也可以注意一下啦。

10.5　电动汽车的火灾危险性

10.5.1　电动汽车与传统汽车的区别

电动汽车由于不同于传统汽车的燃料供给和驱动方式，产生了有别于传统汽车火灾的新特点。电动汽车以电池为动力源，以电机为驱动方式，混合动力汽车则是传统内燃机汽车与纯电动汽车的结合产物，由于燃料供给和电力输送方式的变化产生了新的火灾隐患。通俗地说，就是吃的东西不一样，传统汽车吃的是汽油、柴油，而电动汽车靠电来补充能量。而且它们的心脏也不一样，传统汽车的心脏是发动机，靠发动机来带动整个大块头的工作，而电动汽车的心脏则是电动机。

电动汽车线路敷设图

纯电动汽车排除了油路及某些机械故障引起的火灾的可能性。但是新增了动力电池以及高压供电系统，带来了新的火灾危险因素。而混合动力汽车由于电机、电机控制器等动力系统的增加, 火灾载荷发生了变化, 增加了机舱散热的负担。火灾形成的燃烧蔓延痕迹也随之发生了变化。

电动汽车一般都是从某一平台的传统内燃机汽车进行设计、改造而成型的, 因此, 其外观上与传统内燃机车辆基本相同。车辆内部的不同点集中在动力装置、多能源总成控制系统、辅助能源系统和辅助控制系统方面, 见表1。常见电动汽车主要为锂离子动力电池为动力源的纯电动汽车和以内燃机、动力电池为动力源的混合动力汽车。

表1 电动汽车与传统内燃机汽车主要构造比较

项目	内燃机车	电动汽车
装载能源	汽油或柴油	电能、燃料和电能
储能装置	油箱	蓄电池、油箱和蓄电池
动力装置	内燃机	电动机控制器
传动装置	离合器、变速器、驱动桥	电机

10.5.2 电动汽车动力电池火灾危险性

电动汽车目前使用的动力电池主要是锂离子动力电池。锂离子动力电池由高活性的正极材料和有机电解液组成, 在受热条件下非常容易发生剧烈的化学反应, 这种反应将产生大量的热, 从而使电池温度进一步上升, 这是电池发生危险事故的主要原因。通俗地讲, 这个动力电池就跟一个小炸弹一样，一旦你触发了它，它就会释放巨大的能量。你的脑海里是不是又浮现出爆炸的场景了？

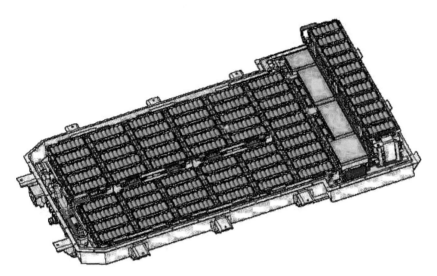

电池包内圆柱状单体排列布置形式

这一颗颗小炸弹是怎样触发的呢？电池引起火灾的危险主要来自电池的内部短路和外部短路。电池的充放电是非常复杂的化学、物理反应过程，内部短路很难完全避免，降低内部短路的概率主要依赖于电池生产技术创新和产品质量的提高。电池的外部短路，从技术上相对容易避免。只要充分对电池（单体、模块）正负极绝缘，在正常情况下，不会有太大的危险发生。但是，由于汽车属于流动性的运输工具，一旦发生异常情况，如变形、异物进入等造成电池外部短路，巨大的短路电流很容易引起火灾。

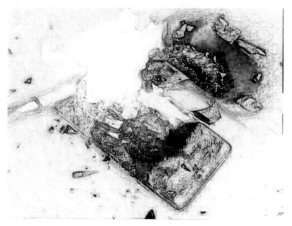

电池热失控起火瞬间

10.5.3　电动汽车碰撞火灾危险性

这个就更容易理解啦，就是在撞车的时候，它改变了原有的结构和稳定性，就会触发这些小炸弹。

根据电池的安全标准《电动汽车用锂离子蓄电池》(QC/T743—2006)，电动汽车在碰撞、挤压、震动、跌落等过程中不能发生燃烧爆炸现象。不同于传统内燃机车的火灾安全隐患，电动汽车在碰撞后，动力电池的损坏有时不会立即体现出来，而是经历一个缓慢的化学反应过程，最终导致火灾事故的发生。我们对某品牌电动汽车进行侧碰撞试验，在停车场三周后发生火灾，调查表明，火灾发生时发生过爆炸现象，电池箱与车体发现多处电弧放电形成的孔洞。国内发生的因碰撞引发的电动汽车起火的火灾中，调查中同样发现电池放电对车体形成的孔洞。在调查初期,曾经有车辆、电池方面的专家对孔洞是电弧造成的猜想表示了怀疑,他们认为孔洞是动力电池内的电解液或物理撞击造成的。但物证鉴定最终证明了其为放电形成。由此可见短路产生的热量对车体的损坏,这足以引起火灾。

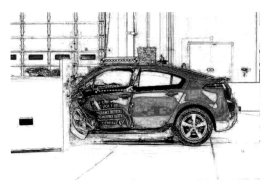

汽车检测过程中碰撞瞬间

10.5.4　电动汽车电气线路火灾危险性

还记得传统汽车上的电气线路吗?电动汽车上的电气线路又有它的特殊性了。

电动汽车上使用高压电路(指区别于 12 伏、24 伏的高电压)供电的设备主要有空调、电池、电机控制器、电机等,高压电采用双线制,其火灾危险与传统单线制汽车有很大区别,而与普通建筑物电气火灾的形成机理类似。线路的短路、电池外短路或电池与固定带放电、高压线路接线端子的接触不良等是高压线路起火的主要表现形式。

电动汽车低压电系统与传统汽车没有区别,常见汽车电气火灾发生的方式在电动汽车上都有可能发生。另外,控制系统还包括对高压电管理的控制以及仪表功能的显示等。在实际的火灾调查中,电动汽车高压线路包括正常行驶中不带电的充电线路都发现多处短路痕迹,并分布在不同位置。对比传统内燃机车辆电气火灾,电动汽车发生电气火灾更需要加强电气火灾物证的提取与鉴定技术,分析研究短路发生的时序和鉴定熔痕的性质。

10.5.5 电动汽车热管理系统火灾危险性

电池管理系统相当于整个动力电池部分的大脑,其功能是调节各个电池单体的工作。而热管理系统则是电池管理中的一个重要组成部分。

电动车辆的主要热源有电池、控制器、电机等。在这样一个系统中,总的散热量与同功率普通机械传动装置大体相当。但这些热源的工作温度范围有较大的差别。要将这些部件的热量及时散走,维持部件可靠工作,必须有一套有效的冷却系统,并且要综合考虑冷却散热部件的体积、质量、尺寸等问题,使之满足车辆的总体要求。电池在工作中产生的热量一旦累积,造成各处温度不均匀会影响电池单体的一致性,将降低电池充放电循环效率,影响电池的功率和能量发挥,严重时还将导致热失控而引发火灾。再者在低温下,电池内部的电化学反应由于受温度影响也不能够正常进行,需要对电池包进行加热。因此为了使电池包发挥最佳性能和延长寿命,需要优化电池包的结构,对它进行热管理,增加散热加热设施,控制电池运行的温度环境,加热的时候采用 PTC、加热电阻、暖风系统的升温方式,如果设计不当,也会引起局部短路或温度过高,从而引发火灾。

电动汽车中电机驱动控制系统的冷却方式主要有强迫风冷和液冷两种。电动汽车的运行环境温度很高 (通常在 70 摄氏度以上),要求电机和电机驱动器具有很强的冷却能力,如果冷却系统设计不合理,将会导致电机和电机驱动器温度过高,影响它们的使用寿命和使用安全性,引发火灾隐患。

10.5.6　其他火灾危险性

电动汽车充电时发生火灾也是电动汽车火灾危险性的一个重要方面。在充电过程中引起充电设备的火灾主要来自控制开关装置的损坏和电容、电阻的烧坏。另外,电动汽车与传统内燃机车辆车内装饰等许多部件相同,电动汽车的整车热释放速率和辐射热通量与相同尺寸的传统内燃机车差别不大。

电池包内出现故障热失控起火时,首先释放大量的烟气,含有剧毒的氰化氢、氯化氢、硫化氢、氟化氢和氮氧化物等气体,在短时间内就达到致命的浓度,此时火可能还没有起来,

乘客已经处于危险的气体环境中了。

电动汽车电池热失控初期现象

电动汽车燃烧过程

以上是天津消防研究所的试验团队在开展电动汽车火灾试验时的场景，小朋友们在看到类似火灾的时候一定要远离，并及时拨打报警电话。

10.6　温馨提示

(1)汽车要定期保养,保养请到正规 4S 店,定期检查维护线路。

(2)不要为了追求炫酷随意加装、改动电气线路,尤其是外面不正规小店的加装,会破坏原有线束结构的完整性和保险,增加火灾危险性。及时加装氙灯、导航等设备也要到正规的原厂 4S 店。

(3)在洗车以及涉水情况下注意不要让保险盒浸入水中,这样容易使接线盒进水,有短路起火的风险。涉水后立即报 4S 店和保险公司,确保自己安全的情况下等待救援,不要擅自启停车辆。

(4)汽车可以上自燃险,在意外发生时会减少不必要的损失。

(5)火灾发生时,第一时间离开车辆,不要贪图钱财,防止车门锁闭无法逃生。车内可备一把安全锤,紧急情况下可以打破玻璃逃生。

(6)其实汽车火灾不止有电气线路故障引起,汽车的排气系统可以烤燃跟它接触的稻草、织物、机油。所以在平时户外经过稻草的时候一定要注意检查有没有稻草被挂靠到排气管的位置,在维护保养过程中注意机油盖是否上紧,密封有没有问题。擦车时更要注意抹布不要掉落到排气管上,否则等待你的只有灾难性的毁灭啦!

(7)如果发现电动汽车内外有不明烟气,一定要及时逃生,烟气持续一段时间后,电动汽车便开始展露出它可怕的一面,电池会开始不断地爆掉、喷火,持续的火焰喷射让车体周围温度急速上升,并从电池包附近向前后两侧蔓延。

其实安博士想讲的还有很多,比如燃油泄漏也会被电火花或是静电引燃,大货车制动系统也会出问题引发大火,这一章我们就先说到这,安博士讲得有点多,小朋友们可以和爸爸妈妈一起慢慢学习,消化吸收。咱们的消防安全知识的学习也告一段落了,希望我的知识可以帮大家认识到家庭常见的火灾危险性,你们要学习的知识还有很多,我们的消防安全之路也很漫长,需要大家一起努力!

试验团队捕捉的车辆燃烧瞬间

参考文献

［1］　刘振刚. 汽车火灾原因调查［M］. 天津：天津科学技术出版社, 2008.

［2］　张良, 张得胜, 陈克, 等. 由车灯改装引发的汽车火灾的调查分析［J］. 消防科学与技术, 2017, 36 (1) : 131-134.

［3］　张得胜, 张良, 陈克, 等. 电动汽车火灾原因调查研究［J］. 消防科学与技术, 2014, 33 (9) : 1091-1093.

 情景模拟视频请扫描下方二维码播放观看

第11章 "关注消防，平安你我" 消防科普宣传公益行

11.1 校园行

为认真落实"关注消防，平安你我"主题消防宣传活动精神，有效履行天津消防研究所消防安全社会责任，进一步增强学校师生的消防安全意识和防灾避险自救能力，努力营造安全、稳定、和谐的校园环境，天津消防研究所团总支深入各个学校开展多次消防宣传活动。

1. 中北小学

2016年5月，天津消防研究所开展了以"创新引领共享发展"为主题的消防科技周系列活动。为进一步贯彻落实消防科技周活动指导思想，提升在校师生的消防安全意识，普及消防安全知识，学习掌握火灾逃生基本技能，2016年5月19日上午，天津消防研究所团总支与消防宣传员一起在中北小学举行了一场别开生面的消防安全知识讲座，讲座受到了学校师生的热烈欢迎。

　　讲座中，消防宣传员慕洋洋首先从客厅到厨房再到卫生间，分门别类列举了生活中使用频率较高的杀虫剂、空气清新剂等气雾剂类，厨房中的燃气、面粉以及化妆品等一系列典型家用物品的燃烧特点，并结合试验视频，向同学们生动地讲述了常见家用物品的火灾危险性。随后，消防宣传员就家用物品发生火灾后正确的扑救方式、如何报警、自救逃生等消防安全常识进行了重点讲解，并教授同学们火灾逃生"七十二字口诀"。授课期间，消防宣传员采用边讲解边互动的方式，引导同学们主动思考，认真学习消防安全知识。在提问环节中，同学们针对生活中遇到的消防方面的问题提出问题，并积极回答消防宣传员提出的问题。

　　最后，天津消防研究所消防宣传员给同学们发放了小学生消防安全知识读本、消防安全手册等多种材料，希望同学们

能更多了解、掌握消防安全知识。

　　通过此次的消防安全知识讲座，中北小学的同学们不仅了解了常见家用物品的火灾危险性，掌握了火灾基本逃生技巧，而且增强了消防安全意识，学校切实加强了消防安全教育，为创建"平安和谐校园"做出了贡献。

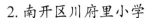

2. 南开区川府里小学

2016 年 11 月 9 日是我国第 26 个消防日,为充分发挥天津消防研究所对推动消防安全社会化的作用,进一步增强学校师生的消防安全意识,提高小学生的防灾避险自救能力,营造安全、稳定、和谐的校园环境,天津消防研究所团总支开展了以"消防安全从娃娃抓起"为主题的消防宣传日活动。

11 月 9 日下午,天津消防研究所团总支相关成员赴天津市南开区川府里小学,为四年(2)班和五年(3)班的小学生们宣传普及消防安全知识,由天津消防研究所消防宣传员慕洋洋同志担任主讲人。

此次讲座共分认识火、识别火、预防火和自由提问四个环节。首先,慕洋洋用浅显易懂的语言为小学生们讲解了关于火的一些基本知识,让大家对火和火灾有了最基本的认识。然后又结合试验视频形象生动地为大家讲解了家中客厅、厨房和卫生间等场所中一些常见家用物品的火灾危险性及使用注意事项。随后就如何预防家用物品起火、家用物品引起火灾后正确的扑救方式以及如何报警、自救逃生等消防安全常识进行了重点讲解,并教授同学们火灾逃生"七十二字口诀"。最后的自由提问环节,小学生们踊跃举手,积极提问,就生活中可能遇到的消防安全方面的相关问题进行提问,现场互动

氛围良好。天津消防研究所团总支为积极提问的小学生们提供科普类读物作为奖品。

此次消防安全知识讲座取得圆满成功,增强了川府里小学学生们的消防安全意识和防灾避险自救能力,丰富了川府里小学"科技月"的活动内容。同时,天津消防研究所作为公益性消防类科研院所,消防宣传教育工作是天津消防研究所社会使命的一部分,通过此次活动,天津消防研究所也为推动消防安全社会化工作贡献了一份力量。

3. 和平区岳阳道小学

2017 年 5 月 12 日,为进一步贯彻落实消防科技周活动指导思想,开展特色科普活动,宣传普及消防安全知识,提升在校师生的消防安全意识,让师生学习掌握火灾逃生基本技能,天津消防研究所团总支成员、青年志愿者在和平区岳阳道小学举行了一场生动有趣的消防安全知识讲座。

岳阳道小学对本次消防安全宣传教育活动高度重视,组织三个校区近千名学生统一观看了讲座现场的网络直播,讲座受到了学校师生的热烈欢迎。

消防宣传员慕洋洋同志担任本次消防安全宣传教育活动的主讲人。慕洋洋用浅显易懂的语言为小学生们讲解了火和火灾的一些基本知识,结合试验视频形象生动地为大家讲解家中客厅、厨房和卫生间等场所中一些常见家用物品的火灾危险性及使用注意事项，随后就如何预防家用物品起火、家用物品引起火灾后正确的扑救方式以及如何报警、自救逃生等消防安全知识进行了普及。

结合天津消防研究所消防科学研究中的独特优势，此次讲座录制的试验视频和制作的培训资料，既浅显易懂，又生动有趣，小朋友们对此次讲座非常感兴趣。在自由提问环节，小学生们踊跃举手，积极提问，就生活中可能遇到的消防安全方面的相关问题进行提问，现场互动氛围良好。最后青年团员陈培瑶、纪超代表天津消防研究所和团总支向学校赠送了小学生消防安全知识书籍和宣传手册，希望小朋友们能够进一步学习消防安全知识，牢固树立消防安全意识。

此次消防安全知识讲座取得圆满成功，增强了岳阳道小学学生们的消防安全意识和防灾避险自救能力，也丰富了天津消防研究所公安科技活动周的活动内容。同时，天津消防研究所作为公益性消防类科研院所，消防宣传教育工作是天津消防研究所社会责任的一部分，通过此次活动，天津消防研究所也为推动消防安全社会化工作贡献了一份力量。

4. 天津市华辰学校（北辰校区）

在"11·9"消防宣传日到来之际，2017 年 11 月 8 日下午，天津消防研究所团总支书记马建琴、副书记宋文琦带队赴天

津市华辰学校 (北辰校区), 为广大师举行了一场别开生面的消防安全知识讲座。

消防宣传员慕洋洋同志担任本次消防安全宣传教育活动的主讲人。慕洋洋从认识火、识别火、预防火三个方面, 用浅显易懂的语言为小学生们讲解了火和火灾的一些基本知识。随后结合天津消防研究所团总支制作的消防科普试验视频, 形象生动地为大家讲解了客厅、厨房和卫生间等家庭场所中一些常见物品的火灾危险性及使用注意事项, 就如何预防家用物品起火、家用物品引起火灾后正确的扑救方式以及如何报警、自救逃生等消防安全常识进行了重点讲解, 并传授同学们火灾逃生"七十二字口诀"。

本次讲座依托天津消防研究所消防科学研究中的独特优势, 录制的试验视频和制作的培训资料既浅显易懂, 又生动有趣, 学生们对讲座内容非常感兴趣。在自由提问环节, 小学生们踊跃举手, 积极提问, 就生活中可能遇到的消防安全方面的相关问题进行提问, 现场互动氛围活跃。最后, 天津消防研究所团总支为学校图书角捐赠了多套消防安全知识书籍、宣传手册等消防科普读物, 希望更多的小朋友们能够学习消防安全知识, 牢固树立消防安全意识。

此次消防安全知识讲座取得圆满成功, 增强了华辰学校 (北辰校区) 学生们的消防安全意识和提高了师生们防灾避险

自救能力。同时，团总支将根据讲座实效和学生反馈，探索更为全面准确有效的消防科普传播和普及模式，以实际行动，促进天津消防研究所消防公益事业的长足发展和不断进步，将消防知识传播到各个角落。

5.南开区风湖里小学

2018 年 5 月,为进一步贯彻落实消防科技周活动指导思想,提升在校师生的消防安全意识,普及消防安全知识,让师

生学习掌握火灾逃生基本技能，增强自我保护能力，在天津消防研究所科技处、团总支的组织下，5月21日下午，所团总支成员、青年志愿者在南开区风湖里小学举行了一场别开生面的消防安全知识讲座。

风湖里小学对本次消防安全教育活动高度重视，组织全校一百四十余名师生统一观看了现场讲座，讲座受到全校师生的热烈欢迎。

天津消防研究所消防宣传员慕洋洋同志担任本次消防科普活动主讲人。慕洋洋同志用生动形象的语言为小学生们讲解了火和火灾的一些基本知识，结合试验视频，用浅显易懂语言为大家讲解了家中客厅、厨房和卫生间等场所中一些常见家用物品如电动车、化妆品、空气清新剂等的火灾危险性及使用注意事项，随后就如何预防家用物品起火、家用物品引起火灾后正确的扑救方式以及如何报警、自救逃生等消防安全知识进行了普及。本此讲座结合天津消防研究所消防科学研究中的独特优势，录制的试验视频和制作的培训资料既浅显易懂，又生动有趣，小朋友们对此次讲座非常感兴趣。最后青年志愿者郭歌、赵祥代表天津消防研究所和团总支向学校赠送了灭火器、防火毯及小学生消防安全知识书籍和宣传手册，希望小朋友们能够进一步学习消防安全知识，牢固树立消防安全意识。

此次消防安全知识讲座取得圆满成功，风湖里小学学生们不仅了解了家用物品火灾危险性，掌握了火灾基本逃生技能，而且增强了消防安全意识和防灾避险自救能力，切实完善了学校的消防硬件设备，提高了安全教育工作能力，为构建"平安和谐校园"做出了贡献。

6. 华苑模范小学

　　为了进一步提高课堂消防安全教育的效果，探索利用 VR 虚拟现实技术提高青少年消防安全教育的工作水平，天津消防研究所"沉浸式消防安全教育互动体验"课题组开发了火灾烟气扩散、安全标志识别和火灾求生的虚拟现实体验场景，依托科研项目拍摄制作了地铁细水雾喷放、泡沫灭火等全景视频，开发了 VR 教学播控系统，并进行了集控系统与设备的联动调试，制作了沉浸体验教学教案。

　　2016 年 6 月 19—20 日，天津消防研究所"沉浸式消防安全教育互动体验"课题组的相关成员来到华苑模范小学开展了全国首次"沉浸式消防安全教育互动体验"教学活动。

　　授课过程中，通过研制的 VR 一体机播控教学系统，采用集中控制分散体验的模式，同时操作 30 台 VR 一体机设备的播控，带领同学们一同进行了火灾烟气的扩散、安全标志的识别、地铁细水雾喷放试验和火灾求生的沉浸体验。

"火灾的危险性体验太直观了，让人印象深刻。""注意力更集中，面对烟气扑面而来感受太真实了。""通过火场逃生体验，对于火灾中的求生技巧和方法更容易理解和体会……"学生们作为本次消防 VR 教学的参与者，在课后表达了的切身感受。

课题组还邀请到天津市公安消防总队防火部宣传处的领导和专家进行了现场的体验和交流，总队领导和专家一致认为，搭建"消防 VR 大讲堂"的授课模式，能够大幅度地提高学生对消防安全知识的理解、记忆和应用能力，培养参与者面对火场时沉着冷静的心理素质。天津市公安消防总队防火部宣传处领导表达了与天津消防研究所开展进一步深入合作的意向。

华苑模范小学的校领导对课题组开展的 VR 消防教学活动给予了高度评价：运用 VR 等新技术进行消防授课切实提高了课堂活跃度，学生们不仅能够学到消防知识，还能深刻地体会到火灾逃生。并希望能够与天津消防研究所加强合作，开发更多的 VR 安全体验课程，开展更丰富多彩的校园 VR 课堂活动。

本次活动还得到了人民网、中国消防网、搜狐、新浪、网

易、北方网、天津政法报和每日新报等多家新闻媒体的宣传报道。

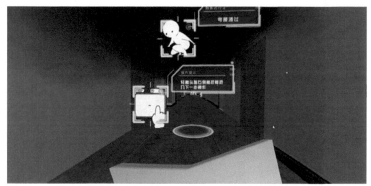

11.2 社会行

1. 和平区和平路"青年文明号"集中服务日活动

按照团中央和天津市委市政府关于青年文明号工作的有关要求,结合工作实际,围绕开展优质服务、提升服务水平、树立文明形象、营造和谐氛围,发挥青年文明号集体和争创集体的示范作用,天津团市委于 2017 年 3 月 11 日 (周六) 上午在和平区和天津市平路 (滨江道至赤峰道间) 举行了"青年文明号"集中服务日活动。

天津消防研究所"物证中心物理检验室"和市公安局"天津市 110 指挥中心"代表公安行业"青年文明号"集体,参加了此次主题活动。活动当日,由团总支副书记宋文琦同志带队,携天津消防研究所团总支相关成员和"物证中心物理检验室"2 名青年代表,面对面为在场市民介绍家庭常用物品火灾危险性和火场逃生知识。

他们通过图文并茂的宣传页和生动有趣的消防安全系列小视频,为大家讲解家中客厅、厨房和卫生间等场所中一些常见家用物品的火灾危险性及使用注意事项,就如何预防家用物品起火、家用物品引起火灾后正确的扑救方式以及如何报警、自救逃生等消防安全常识进行宣传讲解,对生活中可能遇到的消防安全方面的相关问题进行答疑,受到了广大市民的欢迎。同时,天津消防研究所的消防安全系列小视频还受到

了团市委徐岗书记的高度重视和积极肯定,徐岗书记提出了将天津消防研究所消防安全系列小视频上传至天津青年之声平台的意愿。

通过参加本次"青年文明号"集中服务日活动,进一步宣传了天津消防研究所形象,扩大了天津消防研究所在社会上的影响力,更重要的是为增强群众的消防安全意识和防灾避险自救能力贡献了自己的一份力量!

2. 和平区三盛里社区

2017 年 5 月 20 日上午,为响应"关于开展特色科普活动,进社区、下基层"号召,在天津消防研究所科技处、团总支的组织下,天津消防研究所团总支成员、青年志愿者张良、张楠、慕洋洋一行前往和平区五大道三盛里社区进行消防安全讲座。

在活动中,志愿者们利用横幅、宣传册、PPT 及互动交流等宣传手段,开展全方位、多角度、多渠道的宣传,以消防安全常识、火灾典型案例提醒广大居民关注消防安全,注意日常生活中正确的防火、用火,对家用电器、电动自行车、汽车等常见的电气火灾进行了讲解,提高大家对于火灾隐患的认识,并对厨房用火、小孩玩火、吸烟等遗留火种的火灾危险性进行了阐述使社区的居民认识到火灾就在身边,要提高消防意识。讲座结束后,志愿者们与社区居民进行了热烈的互动,对于居民的提问天津消防研究所志愿者们都进行了详尽的解答。此次活动向社区居民发放消防安全宣传手册 100 多份, 向居民普及了消防安全知识和火灾的预防及逃生要点。会后, 天津消防研究所志愿者还与和平分局五大道派出所及三盛里居委会人员进行了夏季火灾预防座谈, 大家都对今后社区的防火工作提出了宝贵意见。

　　此次科技活动周宣传活动, 大大地提高了居民的消防安全意识, 提升了居民防控火灾和自救能力, 让志愿者与现场的居民零距离接触, 让广大群众也了解到天津消防研究所的科技工作, 更好地理解消防。此次活动也为天津消防研究所与基层社区合作开了个好头, 相信以后天津消防研究所的消防宣传工作会再上一个新的台阶。

3. 天津市公安局青年人才博览会

为全面加强天津公安青年思想政治引领工作,激励和引导天津公安青年迈进新时代,2018 年 5 月 13 日,天津市公安局和团市委在天津市公安局大院联合主办了"天津公安优秀青年人才博览会",天津公安系统 60 余个直属机关及属地分局为协办单位,通过 300 余个展位展示了各单位青年人才的培养成果和工作经验,公安青年民警、现役官兵以及社会各界青年代表 3000 余人参加了活动。

天津消防研究所团总支经过精心组织策划,从科研成果、消防教育方面展示和介绍了天津消防研究所近年来优秀公安青年的工作成果。活动当日,团总支副书记宋文琦同志带队,携天津消防研究所团总支成员和优秀公安青年代表参展。

在展览过程中,陈培瑶同志向观众讲解了抗结冰灭火服、

智能温控降温背心、火场勘查装备、燃气管道无源应急切断装置等近年来天津消防研究所公安青年所取得的丰硕成果；宋文琦同志从科普立项、科普讲解团队建设、科普微视频制作和科普微信公众号建设等方面向观众做了完整展示，并通过游戏抽奖环节，与观众进行互动，通过 VR 体验让参观者学习消防安全知识，受到广大民警的一致好评。

天津消防研究所通过参展首届"天津公安优秀青年人才博览会"，展示了党委和团总支为青年人搭建人生出彩舞台所取得的各项成果，从消防宣传、科普成果、公益事业等方面体现出天津消防研究所公安青年所做出的不懈努力和贡献。展览吸引了众多公安系统同人的关注和青睐，他们对天津消防研究所取得的成绩给予了充分肯定与赞赏。

　　为促进消防公益事业的长足发展和不断进步，将消防知识传播到各个角落，我们将以"家庭常用物品火灾危险性"系列宣传视频和本书为载体，在互联网上传播和推广的同时，深入学校、社区和其他单位团体为学生和群众进行面对面的讲解和宣传，进行消防安全知识的普及教育，以增大消防科研成果向大众传播的速度和范围，为公安消防公益事业贡献自己的一份力量。

　　期待通过我们共同的努力，增强大家的消防安全意识和防灾避险自救能力，努力营造安全、稳定、和谐的社会环境，为"平安中国"保驾护航。

　　4. 天津市 2018 年"119"消防宣传月启动仪式

　　为切实提高公众的消防安全意识，推进消防工作社会化进程，维护天津市消防安全形势的持续稳定，按照天津市安全

生产工作会议精神和应急管理部消防救援局的有关要求，天津市以全国"119"消防日为契机，部署开展为期30天的"天津市119消防宣传月"活动。2018年11月8日19时30分，市政府在天津东站前广场隆重举行了"2018年'119'消防宣传月启动仪式"。

天津消防研究所团总支和工程中心受天津市消防安全委员会邀请参加了11月8日的"119"消防宣传月启动仪式。经过精心组织策划，天津消防研究所将家庭火灾演示系统、灭火演示装置、VR教学系统及"火眼"等科研成果进行了现场的消防宣传展示，通过现场试验、互动体验、模拟演示等方式，向广大市民群众详细讲解了诱发火灾的主要原因、致灾原理、火灾预防方法及火灾逃生方法等实用技能，市民群众身临其境地接受了消防安全教育，筑牢了"关注消防安全、排查火灾隐患"的安全理念。

通过参加天津市2018年"119"消防宣传月启动仪式，天津消防研究所充分展示了近年来取得的一些消防科技与科普教育研究成果，天津消防研究所作为公益性消防类科研院所，始终把消防安全教育和科学普及作为一项重要的工作进行推进和落实，展览吸引了群众和同人的关注和青睐，他们对应急管理级天津消防研究所近年来所取得的成绩给予了充分肯定与赞扬。

相信在天津消防研究所党委的坚强领导下, 全所广大干部职工能够齐心协力、攻坚克难, 适应体制转变, 主动担当作为。要继续发扬敢为人先的精神, 勇于先行先试, 大胆实践探索, 在各自的工作岗位上开拓创新, 奋发有为, 在新的历史起点上, 开创天津消防研究所消防科研事业发展的新局面。

5.2018 年全国科学试验展演汇演比赛

2018 年 10 月 29 日至 31 日，2018 年全国科学试验展演汇演比赛在北京举行。天津消防研究所从全国各省、自治区、直辖市，国务院有关部委、中央军委等相关单位选派的 96 组科学试验展演团队中披荆斩棘、脱颖而出，获得三等奖的佳绩。

2018 年全国科学试验展演汇演比赛以"科技创新强国富民"为主题，旨在贯彻落实党的十九大精神，以习近平新时代中国特色社会主义思想为指导，在全社会广泛普及科学知识，弘扬科学精神，传播科学思想，倡导科学方法。比赛由中国科学院科学传播局、科技部政策法规与监督司主办，中国科学院物理研究所、中国科学院大学承办。科技部党组成员夏鸣九等领导出席活动，中国科学院院士丁林等专家担任比赛评委。

　　天津消防研究所党委在收到应急管理部的相关比赛通知后，积极筹划并组建了相关展演参赛团队，作为应急管理部的唯一代表队，在短短十五天的时间里，参赛团队（宋文琦、陈培瑶、陶鹏宇、吕东、邱驰、张楠、薛岗）完成了试验设计、装置制作、试验测试和多次富有创意的剧本改编、优化和完善，最终完成了《消防情报局－灭火的那些事》的自选项目和五个常规试验（模拟心肺复苏、测定凸透镜焦距、过滤试验、扑克金字塔、制作网线水晶头）的准备工作。

　　比赛当天，天津消防研究所参赛队以"水雾能灭电气火吗？"、"声音能够灭火吗？""消防员灭火时穿戴装备有 80 斤重？"三个主题为线索，以现场试验验证的方式层层递进，表演过程中观众多次响起雷鸣般的掌声。最终，凭借着常规试验和自选项目的出色发挥，经评委评审天津消防研究所展演团队获得全国科学试验展演三等奖，应急管理部科技和信息化司荣获优秀组织奖。此次比赛也得到了研究所科技处、政治处、工程消防研究室、火灾物证鉴定中心、火灾理论研究室、消防规范研究室、信息研究室、质检中心和行政处等各位领导和同事的大力支持。该奖项不仅填补了天津消防研究所在这方面的空白，也为应急管理部争光添彩，展示出了应急管理部科研、科普"国家队"的品牌形象。

本次活动充分彰显了天津消防研究所转隶移交应急管理部后，能够坚定政治立场、适应体制转变、更新发展观念，迅速响应应急管理部的各项决策部署，主动担当作为的良好形象。希望天津消防研究所广大党员干部以他们为榜样，深入贯彻习近平新时代中国特色社会主义思想，不断增强"四个意识"，继续发扬吃苦耐劳、敬业奉献的优良作风，以敢为人先的创新精神开启、迈入新时代消防科研工作的新征程，开创转隶移交后消防科研事业发展的新局面。

消防科普行,永远在路上!